人生如果能重来

If life can come again

The Meditations of A Legal Person

一个法律人的沉思录

邵元超——著

法律出版社 | LAW PRESS

未经省察的人生不值得度过。

——苏格拉底

目　录

CONTENTS

前 言

人生短暂且不可逆转。

人生需要智慧，有了智慧的思考和指引，我们才能尽可能地使我们的人生健康、富有，轻松、快乐，幸福、美满。

人生智慧

有人把幸福当成人生的终极目的。没错，追求人生幸福是我们的目的和目标，但是，什么是幸福，如何追求人生幸福，人生幸福的方法，等等，都是需要人生智慧的。人生智慧是人生幸福的前提。

古代有位老太太，她有两个儿子，大儿子做卖雨伞的生意，小儿子做卖草鞋的生意。若是晴好天气，老太太就为大儿子担心，怕雨伞卖不出去；若是阴雨天气，老太太又为小儿子担心，怕草鞋卖不出去。因此，晴天，老太太担心、忧虑；雨天，老太太也担心、忧虑。为此，老太太活得很忧虑也很不幸。直到有一天，这位唉声叹气的老太太遇到一位高人，高人点拨她说："雨天，伞卖得好，你应该为大儿子的生意好高兴才对；晴天，草鞋卖得好，你应该为小儿子的生意兴隆高兴才对。因此，无论晴天，还是雨天，你都应该高兴才对。”老太太经高人点拨，顿悟，化忧虑、不幸为快乐、幸福。这个例子足以说明，人生幸福是需要智慧的指引的。无论是外来点拨，还是我们自悟，幸福的前提是智慧。

《红楼梦》中的林黛玉，有贾母宠着，有宝玉爱着，姐姐们让着，众丫鬟伺候着，可还是整日凄凄惨惨、悲悲切切，不好好吃饭、不好好睡觉，把自己的身体也糟蹋了。如果林妹妹到民间走走，看看那些衣不蔽体、三餐不饱的穷苦大众，心绪自然不同，这就是我们常说的“身在福中不知福”。

我们有了智慧，才能知福、惜福，心存感激，幸福生活。

财富是什么

在这个物欲横流的时代，你可能把追求财富作为人生的终极目的和最大成就。

就算你以物质利益为导向，我仍然要说：你依然需要人生智慧的指引。

我常跟亲朋好友说一句话：“如果你能看清未来十年的发展趋势，那么你就是百万富翁。”我身在上海，上海是一线城市。2008 年 11 月，我认为上海房产的价格会上涨。为了表示自己不自私，或者说有鼓动的味道，我让上海的弟弟妹妹去买房，还把上海房价必涨的理由详细阐述给他们听。我弟弟跟我关系特别好，我们有时还互相调侃。他当时开玩笑说：“我哥是经济学家，我哥说涨，就得跌；我哥说跌，就得涨。”我弟弟没买。十年后，一线城市的房价涨了不少，我弟弟后悔晚矣。当时，我还打电话鼓动外地几个和我关系很好的同学来上海买房，他们没信服，晚年到上海定居的愿望也难以实现了。能看懂未来十年的格局是需要智慧的，智慧就是财富。

人生苦难

人生不如意之事十之八九。有位哲学家认为，人生的快乐是否定的，而人生的痛苦是肯定的。既然人生与苦难不可分离，我们怎么样才能离苦得乐呢?

当我们拥有智慧，能够穿越世俗的迷雾，把握事物的本质，我们就能登高望远，一览痛苦少。

当我们苦苦追求物质享受，追求名宅、豪车时，谁求不到，谁就会心生痛苦。如果我们能够知道，我们人本身是第一位的，物质财富是第二位的，你的着急情绪、痛苦心情就能缓解。当我们在欲望上用减法，就能满足于自己现有的生活。当我们满足于现有的物质生活时，就有时间多读书，多追求精神上的丰富和智力的提高，你会顿觉痛苦减少，幸福也随之而来。所以，古希腊大哲学家苏格拉底在市场上看到琳琅满目的奢侈品时，说了句："我不需要的东西还真多。"我们的精神境界每提高一个层次，就会过滤掉很多不需要的东西。这样，我们就能过上极简的幸福生活。

我们在工作和生活中，总是跟形形色色的人打交道。有的人忠厚、善良，你与之打交道，心生快乐。也注定有一部分人，嫉贤妒能、心理阴暗，他们说话让你难受。对于这种善妒小人，你需要靠智慧把他们识别出来。

诸葛亮说的"亲贤臣、远小人"就是智慧名言，我们要学会识人，这些都是需要人生智慧的。特别是为人处世、识人用人等方面，要活到老、学到老。

人生的智慧是人生幸福的充分条件，我们拥有智慧，才能获得财富；我们拥有智慧，才能减少乃至消除人生痛苦。拥有智慧，我们才能将自己的人生过得轻松快乐、光辉灿烂。

人生智慧不是先天具有的，它可以来自后天自证、自得，可以来自长辈的言传身教，也可以来自书本和格言的指引。个人通过实践获得的人生智慧固然重要，但毕竟来得有点儿晚，甚至是我们个人通过惨痛的代价才获得的。所以，最好是在人生的每个关键时点，长辈、老师都能明确给年轻人以叮嘱和指引，这也是我写作本书的目的。

我们家长，由于两个原因，可能导致没有给晚辈以适时的指导：其一，长辈没有意识到提前为孩子指导的重要性；其二，家长想教孩子，但由于知识能力不足，无法教孩子。这两种情况，都会导致孩子要在黑暗中摸索着前行。有的孩子会碰得头破血流，有的孩子会迷失自我，更为严重的是有的孩子会走上犯罪道路。这就是我国组建少年法庭的原因。我有过在中级人民法院少年庭从事刑事审判工作的经历，深知预防犯罪是关键，而预防犯罪的核心是提前教育。

幸福是什么

我们常常谈到幸福，那幸福的概念是什么？为此，我翻阅了《辞海》（P1218）：幸福是“心情舒畅的境遇和生活”。有种理论，把幸福等同于心情舒畅。

英语中的happiness(幸福)，意味着幸福等同于快乐。

由此可见，我们通常理解的幸福，就是快乐，就是心情舒畅。

哲学家伊壁鸠鲁说:“幸福就是身体无疾病,灵魂无纷扰。”他从肉体和灵魂两方面考量人的幸福,更显智慧和恰当。他的门徒也明确提出:我们幸福的原因存在于我们自身之内,而不是自身之外。这样,作为个体的人,通过自身寻找幸福,就避开了外在大环境、外在世界的纷扰,容易通过自我的身心调节,处于宁静的心灵状态,也更容易寻找到幸福。人如果一味外求,就会把自己的不幸福归咎于社会、归咎于他人,就必然抱怨不停、盛怒不止,这样便远离了宁静平和,离幸福也越来越远。

中国古代有则故事,对幸福是恰当的诠释:

> 一鬼托生时,冥王判作富人。鬼曰:“不愿富也,但求一生衣食不缺,无是无非,烧清香,吃苦茶,安闲过日足矣。”冥王曰:“要银子便再与你万,这样安稳闲福,却不许你享。”

这则寓言,把安闲过日子当作幸福,衣食无忧、无是无非,既克服了物质的匮乏,又消除了灵魂的纷扰,可视为幸福的至高境界。这种安稳闲福,阎王爷都不许你享,要银子多的是,以此说明金钱买不来这等清福。

综上,我认为,幸福就是身体健康、衣食无忧、无是无非的安闲时光。

我们都有过生病的痛苦体会。身体上的小疼痛,会直接破坏我们的心情,快乐和幸福感顿时消失。比如,我们常说:“牙痛不是病,痛起来真要命。”别看牙痛是件小事,它让你吃不好饭、睡不好觉,把人折磨得不成样子。我就有过在华东医院补牙的经历,医生用小电钻在牙洞里钻和打磨,痛不堪言,尤其是碰到牙神经给本人造成的痛苦震颤,终生难忘。为此,以后再有牙痛,我都是自学、自用中医疗法,以避免那种苦痛。

所以，幸福的前提是身体健康。为此，我们要坚持身体锻炼。最好的锻炼方法是快步走。快步走，既呼吸了新鲜空气，又能促进全身活动，运动量以微出汗为佳。而且在快走的过程中，把眼光放远点儿，可以看天看地，对视力大有裨益。我习惯边走边思考，本书便是我在锻炼的同时酝酿和起草的。

在锻炼身体的同时，也要调理自己的心态和情绪。现代人由于升学和工作的压力大、节奏快，很多人都有这样或那样的心理疾病。世界卫生组织发布的报告显示，全球范围内已有超过 3.5 亿人患有抑郁症。这些患者如果能正确地认识到幸福，增强自己的幸福感，就会慢慢地减轻精神上的压力。

我大学毕业后分配在中级人民法院工作，工作中也会遇到很多不顺心的事儿。我当时也很郁闷，但我找到了出口，就是在工作之余，利用自己法学知识的专业优势，在电视大学和夜大去讲授民法、刑法、婚姻法等法律课程。通过多部门、多学科的讲课，我自己的法律水平也提高到新台阶，更受到广大学员的喜爱和尊敬。当我们不顺的时候，郁闷的时候，我们要把自己变成雄鹰，因为是鹰，就能一飞冲天。

金钱作为一般等价物，具有不特定用途。有钱，可以买吃的，可以买穿的，可以买任何所需之物，所以，金钱具有了神秘色彩，也产生了拜金主义。但财富并不是越多越好。“财富犹如海水，一个人海水喝得越多，就越感到口渴。”很多人从追求财富，到不择手段贪财，甚至沦为金钱的奴隶，更有甚者沦为阶下囚。这种极端追求财富的思想和行为是病态的，实质是没有智慧的表现。

孔子最圣贤的弟子当数颜回。

子曰："贤哉，回也！一箪食，一瓢饮，在陋巷，人不堪其忧，回也不改其乐。贤哉，回也！"

一竹筒饭，一瓢水，住在简陋的小巷里，别人都不能忍受那种苦楚，颜回却不改变他的乐趣。前后两句"贤哉，回也！"加重了孔子对颜回这个弟子的盛赞。虽然物质条件简陋，但颜回具有更高的精神追求，因此不以为苦，反以为乐。孔子在这里说"回也不改其乐"，用词很妙，其一，别人以为是苦，颜回以为是乐；其二，不改其乐，就是颜回在读书和修身上找到了真正的乐趣，并坚持自己的做法。

颜回的故事说明：物质条件跟精神追求成反比。当一个人的精神追求更高、更执着时，他的物欲就减弱了。

在幸福面前人人平等。无论富人，还是穷人，只要具有足够的智慧，就能享有人世间的快乐幸福。我们常常看到不那么富裕的人更容易满足，他们的脸上更容易洋溢幸福的微笑。倒是很多富人，处于战场般的商场，食无味、寝无眠，一脸辛酸和疲惫。所以，幸福像雨水一样，既洒在富人身上，也洒在穷人身上，幸福的降临是公平的。

无是无非、灵魂无纷扰，是幸福的精神层次。相对于衣食无忧，难度更大。

我在前述的故事中提到，幸福的状态是安闲过日子。这里的一安一闲，道出幸福的真谛。心安，再加上清闲，才是真正的幸福。殊途同归，西方哲学家亚里士多德说过："幸福好像就等同于闲暇。"叔本华认为一个精神富有的人会首先寻求没有痛苦、没有烦恼的状态，追求宁静和闲暇，亦即争取过上一种安静、简朴和尽量不受骚扰的生活。闲暇是人生的精华，除此之外，人的整个一生就只是辛苦和劳作而已。

唐代诗人李涉的《题鹤林寺壁》有名句“偷得浮生半日闲”，把个“闲”字写得精彩万分。宋朝赵师秀的“闲敲棋子落灯花”，也把悠闲写得画面感十足。

我们要追求宁静、闲暇、舒适的美好时光。生活中，我们身边总有些善妒的人、好事的人，打扰我们内心的宁静。因此我们要远离是非之人，要亲贤人、远小人，这样才能过上自己的安闲日子。须知，安闲日子是万金买不来的幸福。

几乎所有的是非、不悦和痛苦都来源于人际关系，人际关系越是广泛、越是复杂，是非、不快和痛苦就越多，各种令人极不愉快的情形都会出现。所以，叔本华说：“我们其实只有两种选择：要么孤独，要么庸俗。”我们在学习中遇到的学霸，往往是不善交往、喜欢孤独的。同样，作为天才级的人物，像爱因斯坦和康德，他们一个是物理学家，一个是哲学家，但他们的共同点是喜欢孤独。康德更是将孤独进行到底，终身不娶，过着个体孤独而精神丰富的生活。

所以，我们要净化和选择自己的朋友圈，圈子范围越小，我们就越简单、越幸福；圈子范围越大，我们遇到的问题就越多，给我们增添的痛苦和焦虑就越多。我们的人际关系越简单，就意味着我们有越多的安宁和平静，宁静才能致远，休闲才能快乐！

佛教的很多高僧（其中顶级的）有过“闭关”的经历，独处长达数月乃至几年，在孤独的寂静中沉思，寻找入定的无上快乐和智慧。传说中国禅宗的创始人菩提达摩面壁九年，达到渐悟的至高境界。

身在福中不知福

我们说幸福很公平、很简单，也很容易拥有。但是，在生活中，很多人容易走入“身在福中不知福”的误区。

幸福的基础是衣食无忧，这个基础绝大多数人都具有。可是很多人舍弃自身的幸福，一头扎进追逐金钱的泥潭中不能自拔。

一提到贪官污吏，很多人都会想起和珅。事实上和珅早年称得上青年才俊，凭借出色的理财能力受到乾隆赏识，平步青云，二十出头便成为侍郎，入军机处。最初有人向他行贿时，他婉拒了。但不知为何，他仍旧答应举荐对方。随后，此人因隐瞒父丧被处死，和珅被牵连，受到弹劾。不久，和珅受命调查云贵总督李侍尧贪污一案，案件审结后，和珅不仅获得了乾隆的赏赐，还私吞了李侍尧及其党羽的一部分财产，尝到了甜头。很快，其长子成为十公主额驸，和珅地位更加稳固，成了不少官员巴结的对象，贪念逐渐膨胀，一发不可收拾，终至遗臭万年。

有首儿歌：“一只小羊去吃草，这山望着那山好。爬上北山望南山，看着南山草儿茂。爬上南山望北山，又见北山草儿茂。南山北山来回跑，肚子饿得咕咕叫。”

这首儿歌，简单中蕴含了深刻的道理。我们大人，也常常犯“这山望着那山好”的错误。

在生活中，我们要提升智慧。佛教有句“一花一世界、一叶一菩提”，说得很妙。万物天成，各有各的美妙，各有各的精彩。我们要尽力做最好的自己，把自己的潜能最大限度地发挥出来，往大了说，为国家为他人；往小了说，为家庭为自己。

通常，我们看远处的小树林最有体会。人的幸福处境犹如小树林：从远处看过去，小树林显得很美；但靠近或者走进树林中以后，原先的那种美感就消失了。我们经常羡慕别人的处境、地位和待遇，原因就在于此。

其实幸福就在我们身边，就在我们脚下，而非远处的小树林或彩虹。我们珍惜身边的人，活在当下，就是幸福。

人们看上去都很聪明，但很多人欠缺理性思考。而作为“理性体操”的哲学，更是被追求物欲的人所不解。如果我们在生活中不去理性思考、独立判断，就容易被潮流裹挟着行进，从而迷失了自我，不知道什么是正确的方向。

人生最重要的是人本身，也就是每个人的性格、学识、智慧、外表、能力等，人本体才是核心和最重要的。财富相对于本人，是次一级的外在，至于名誉、名声等外人对你的看法、判断，是更次一级的。所以，我们为了自己的幸福，一定要认清何为本、何为末，否则，就会犯舍本逐末的错误。

还是杨绛先生说得好:“我和谁都不争，和谁争我都不屑。”我们和谁都不争，和谁都不比，这种内心的淡定和平和，才是幸福的源泉。

第一章

人生如四季

CHAPTER 01

古语道："人生不过百年。"人生要经历童年、学生时代、工作、退休等不同阶段。不同阶段对人生长度的看法不同。

童年无忧无虑，加上人之初的感性和简单，感觉时间过得特慢，时光也最悠长。童年的一天，感觉上等于老年的几个月。

学生时代，十年寒窗，总是嫌时间过得慢，盼望着长大，盼望着像大人一样没有读书、考试的压力，像大人一样自由自在。

真正走上了工作岗位，才体会到辛苦和不易，生活的压力和重担才真正扛在自己身上。伴随着结婚生子后的家庭生活，人到中年要把工作和家庭两副重担一起挑，这时才怀念起童年的无忧无虑和读书时的单纯时光。

人生最辛苦的中年时光刚过，就觉得时间过得越来越快，不知不觉间已头发稀疏、斑白，老年到来了。待到此时，方悟出四个字：人生苦短。

门生问哲学家苏格拉底："什么是人生？"苏格拉底没有回答，而是把他们带到苹果树林，要求学生从树林这头走到树林那头，每人挑选一个自己认为最大最好的苹果，而且不许走回头路，不许选择两次。在穿过苹果林的过程中，他们认真地挑选自己认为最大最好的苹果。等学生们到了苹果林的尽头，苏格拉底已经在那里等候他们了。他问学生："你们挑到最满意的苹果了吗？"大家没有回答。苏格拉底见状问："难道你们对自己挑选的苹果不满意？""老师，让我们再选择一次吧，"

一个学生请求说，“我刚走进果林时，就发现一个很大很好的苹果，但我还想找一个更大更好的。当我走到果林尽头时，才发现第一次看到的那个就是最大最好的。”另一个接着说：“我和他恰好相反。我刚走进树林不久，就摘下一个我认为最大最好的苹果，可是，后来我又发现更好的。所以，我也后悔。”“老师，让我们再选择一次吧！”其他同学也不约而同地请求。苏格拉底笑了笑，睿智地回答：“孩子们，这就是人生——人生就是一次无法重复的选择。”这个故事向我们说明了人生的不可逆性，同时也阐明了一个道理：选择决定人生。我们经常说：你不能决定生命的长度，但你可以决定生命的宽度。你可以选择奋斗、快乐、精彩的人生，也可以选择懒惰、无聊、颓废的人生；你可以选择乐观向上的积极人生，也可以选择悲观抱怨的消极人生。人生源于选择。

人生的不同阶段，应有不同的目标和任务，也蕴含着不同的人生智慧。

> 子曰：“吾十有五而志于学，三十而立，四十而不惑，五十而知天命，六十而耳顺，七十而从心所欲不逾矩。”

孔圣人对人生的不同阶段所应达成的目标和具有的智慧的看法，是我们人生坐标的参照。比如，三十而立，是指我们三十岁的时候，家庭、事业有无立足点的考量。孔子的不惑、知天命、耳顺及从心所欲的境界，也说明人生智慧是逐步提升的。

在《民法总则》中，不满八周岁的未成年人为无民事行为能力人；八周岁以上不满十八周岁的未成年人，为限制行为能力人；十八周岁以上的自然人是成年人，是完全民事权利能力人。其中，十六周岁以上不满十八周岁的公民，以自己的劳动收入为主要生活来源的，视为完全民事行为能力人，这里的视为即等同于。其实我国民法的年龄段划分，简单说就两个关键的时间点，八周岁和十八周岁。

我个人认为，年龄段划分，应该与该阶段的宗旨和任务结合起来，这样的划分简单明了，也更具实际意义。

八周岁以前是童年，童年是人生的起点，也是人生最美好、最快乐的短暂时光。因为年幼，被父母视为掌上明珠；因为年幼，可以率性而为；因为年幼，可以无忧无虑……所有这些，都构成童年时期最美妙的人生画面。

我认为，童年要做到“三好”，即吃好、睡好、玩好。童年是身体和大脑快速发育的阶段，吃好是关键。吃好，指吃得营养全面、营养均衡。例如，现在出现的儿童肥胖症，很多是因为儿童摄入的肉食及蛋白质过量但维生素和纤维物质缺乏，导致他们的身体并不健康。所以，吃好，一定是营养均衡、全面。

睡好比较容易做到，别让儿童昼夜颠倒即可，另外，从小要让孩子养成按时睡觉的好习惯。儿童要做到早睡、自然醒，睡眠质量和长度对儿童的智商和健康尤为重要。

玩好非常重要，童年是我们人生最美好的时光。这段时光，应该在无忧无虑的快乐玩耍中度过。童年因为无忧无虑，因为被宠爱，如阳光般美好，充满了快乐的回忆。

叔本华写道：“在生命最初的四分之一时间里，我们能够享受喜悦之情。童年期过后，我们留在身后的是一段天堂般的美好时光。”而这段天堂般的美好时光，需要家长的护航。家长们应该意识到，让孩子在该玩的年纪玩好，是非常重要的。

小学刚入学，是最困难的时期。从无忧无虑的快乐童年，一下子到有任务、有压力的小学，无疑是决定性的一大步。你如果在小学门口，能看到哭红眼的一年级新生；还有跟家长“拔河”，不愿进校门的孩子；孩子们各种痛苦表情都能看到，父母的心也被牵挂，依依不舍的父母在校园外偷偷观察孩子的表现。我为了让女儿安心上学，先是鼓励法、表扬法，称赞她能上学多么了不起；另外，再加上物质鼓励，开学第一周，每天接孩子放学时，总要给她一个小礼物，作为她好好上学的奖励。精神鼓励和物质奖励相结合，很好地安抚了小孩子刚开始上学的不适情绪，让孩子知道上学是必要的，以此让她愉快地接受和适应。

小学的最初一个月最关键，我把女儿接回家后，开始指导她写作业，一两周后，她已步入正轨，我就拿着自己要看的书坐在她边上，看着她做作业。这样一个月的陪伴，让女儿养成良好的写作业习惯——就是写作业要专注，不能边玩边写作业，也不要边吃东西边做作业，要一心一意地完成作业。做完作业，就是孩子的玩耍时间。这样，女儿总是在晚饭前做完作业，然后，是大把的娱乐时间。良好的学习习惯的养成，让孩子受益终生。此后，家长在对子女的教育问题上也省心、省力，起到事半功倍的效果。

父母们在孩子初入小学的一个月，一定要充分重视，要有耐心、有技巧、有方法，让孩子度过这最难的一个月，养成良好的学习习惯。

孩子在小学阶段，比较简单。我给女儿讲三句话：

第一，上课认真听讲，这是学好任何课的前提。一方面，养成认真听讲的习惯，让孩子在课堂上把内容听懂、理解并记住，才是学习好的关键。另一方面，这也是对老师的尊重。上课不认真听课的孩子，不是乱说乱动，就是影响别的孩子学习。从小如果没有尊重、礼貌、纪律的概念，长大也很难学会。成人工作中的奉献精神、团队意识都是要从小培养的。

第二，做作业要专注，要又快又好。作业做得快很重要，做得快，就意味着用在作业上的时间少，这样孩子才有更多的时间去玩、去预习或者去拓展其他的兴趣爱好。

第三，把学习当成爱好，对学习充满乐趣。这点也最难。为了让孩子把学习当成快乐的事情，家长一定要用心想、用心做。我的方法是，先给孩子灌输学习充满乐趣的概念，通过故事和格言，让孩子理解学习的好处、学习中的乐趣。另外，多给孩子买书。买书也很有学问，要由浅入深，由画到文，由少文字的到全是文字的，这有个循序渐进的过程。比如，我先给女儿买关于汽车标识的书，她把所有的汽车标识都记住，这样，在路上，或者在停车场，她就能轻松认出汽车的名称和徽标，受到大家的赞扬后，她就很有成就感。接着，我又给她买讲飞机发展的图书，她就对中国的歼 10、美国的 F–15、俄罗斯的苏 –27 等战机了如指掌，聊起空中格斗也头头是道。之后，我又给她买少儿太空百科全书，因为她又对行星、恒星等产生兴趣。宇宙的奥妙，又启发哲学的思考。这样，通过家长有计划的步步引导，孩子从看图，到看文，再到看经典图书。

我对学生时代的感悟是，首先要有爱好学习的理念，其次要有专注学习的态度，还要掌握学习的方法。

子曰："知之者不如好之者，好之者不如乐之者。"

孔子的意思是，懂得某种学问比不上喜爱它，喜爱它不如把学习研究这门学问作为快乐之事。喜欢学习是个基本层次，更高层次是以学习为乐。只有先在学习理念上明白这一点，才能把学习变成乐趣。

学习的态度一定要专注。我们在求学路上的每一阶段，都会发现聪明人特别多。在聪明人的周围，你要想胜出，只有一条路——比他们更专注。

在相同的学习理念和学习态度下，学习方法尤为重要。我个人就喜欢全面学习、重点把握的学习方法。把一本书全面掌握，再经过提炼，总结出要点，这样就能融会贯通，才是真正掌握了知识。当然，学习方法没有统一的标准，各有各的感悟和秘籍，总之，找到适合自己的好方法是最重要的。有好的方法，事半功倍。没有好的方法，哪怕你很用功，也不一定能取得好的成绩。我过去还总结过反复循环记忆法：通过多次反复，形成完整记忆，勤复习，在遗忘学过的知识之前，通过再次复习和记忆，打牢和夯实知识内容，这样许多知识就能终身不忘。

学有所成，毕业以后，即走上工作之路。

工作阶段，是人生最辉煌的年龄阶段。之前，是长期、单纯的学习阶段，但一切学习的目标还是学以致用，为了找到理想的工作并且更好地工作。

无论你学习成绩多么优秀，工作伊始，你都是“菜鸟”。所以，你要脚踏实地、谦虚谨慎、不断进取。工作中需要团队合作和严谨纪律，学会与人相处和约束自己非常重要。工作的真谛是：精通业务、善于为人。

人一生中，工作所占时间是最多的，关于工作的详细阐述，请看“工作”的专章内容，在此不再赘述。

退休以后，是个人生命旅程的最后一段时光，虽然也许有“近黄昏”的悲凉，但可能也是人生最自由、最快乐的时光。

退休后，不再有“朝九晚五”的工作压力，每天可以睡到自然醒，做自己喜欢的事。因为自由，因为休闲，所以快乐。

退休后，身体机能走向衰退，容易有身体健康的困扰，所以，退休后的幸福指数基本由身体健康所决定。为此，退休以后，一定要锻炼身体，通过各种方式的身体锻炼，健康长寿。古希腊哲学家柏拉图活到80岁，用今天的人均寿命衡量，就是百岁以上的老人。据说柏拉图在参加一个朋友的婚礼后睡着了，无疾而终。这可能是最好的人生结局——在睡眠中离去。

孔子有两点值得退休的老年朋友学习，其一，老年戒得。都退休了，对于权力、金钱、名声等，都要放下，不要再让它们萦绕心头，这时还看不开，那是真糊涂啦！其二，活到老，学到老。孔子老年“发愤忘食，乐以忘忧，不知老之将至”。孔子终生学而不厌，所以没有忧愁，没有老年的唏嘘和叹息。

退休之后，我们应在东西方两大哲人（孔子、柏拉图）的引领下，充实、快乐、平静地走向彼岸。

第二章

不要问我从哪里来

CHAPTER 02

人的出身，由不得自己。你可能出生在王侯将相之家，也可能出生于农工商之家；你可能出生于“官家”“富家”，也可能出生于平民百姓之家；你可能出生在中国，也可能出生在外国。你连肤色都无法选择，更不用谈出生家庭啦。

“现代遗传学之父”孟德尔出生于奥地利乡下一个贫穷的农民家庭，父母都是园艺工人。贫寒的家境没有成为他的阻碍，受到园艺学和农学知识的熏陶，他从小就对植物的生长和开花十分感兴趣。1856 年，他正式开始了长达八年的豌豆实验，通过人工培植这些豌豆，对不同代的豌豆的性状和数目进行细致入微的观察、计数和分析。他是如此热爱这项研究工作，甚至将这些豌豆视为自己的儿女。

他的热情、耐心和坚持得到了回报，经过八年的培育，孟德尔发现了生物遗传的基本规律，并得到了相应的数学关系式。人们分别称他的发现为“孟德尔第一定律”（孟德尔遗传分离规律）和“孟德尔第二定律”（基因自由组合规律），它们揭示了生物遗传奥秘的基本规律。

在那个年代，孟德尔的思维和实验太超前，时人并不能理解其价值和重大意义，但孟德尔并不沮丧，他在晚年曾信心十足地预言说，他的时代一定会到来。1900 年，孟德尔逝世十六年后，预言变成现实——来自三个国家的三位学者同时独立地“重新发现”了孟德尔遗传定律。这是遗传学史乃至生物科学史上划时代的一年，从此，遗传学进入孟德尔时代。

德国著名数学家、天文学家、物理学家、大地测量学家，被称为“数学王子”的高斯也有类似经历。他是一对很普通的夫妇的儿子，母亲罗捷雅是一个贫穷石匠的女儿，从未接受过教育，几乎可以说是文盲，在成为父亲恰尔德的第二任妻子之前从事女佣工作。恰尔德有过不少工作，园丁、工头、商人助手、小保险公司评估师。他对儿子十分严厉，尽管学识不高，但常凭自己的经验为年幼的高斯规划人生，认为儿子长大后能成为一个园丁或泥瓦匠就十分有出息了。

好在罗捷雅虽然没什么文化，却是个幽默聪慧、十分坚强的母亲，还有个热情又能干的弟弟，也就是高斯的舅舅弗里德里希。二人早早便发现了高斯的独特之处，极其珍视他的才华和对世界强烈的好奇心，并尽自己最大的可能支持小高斯，坚决反对恰尔德的教育理念。

高斯得到了很好的保护，并在十岁那年成功于数学课程上开始发光，令他的第一个数学老师布特纳刮目相看，还与布特纳的助手巴特尔斯成为忘年交。十四岁那年，经由巴特尔斯等人的引荐，聪明却贫穷的高斯得到了布伦兹维克公爵的资助，这让他在之后的十多年里得以专心于学习和研究。

布伦兹维克公爵阵亡后，高斯在精神上和物质上都遭受了极大打击。为了不使德国失去这个伟大的天才，一众学者和政界人士为他争取到了享有特权的哥丁根大学数学和天文学教授以及哥丁根天文台台长的职位，保证了高斯一家人能有舒适的生活条件，使高斯能够继续全身心投入研究，为之后哥丁根数学学派的创立、德国成为世界科学中心和数学中心创造了条件。

由此可见，出身并不能决定人的一生，初时吃的那些苦，会成为今后的巨大财富。

我很喜欢一句话：英雄不问出处。

> 孟子曰："舜发于畎亩之中，傅说举于版筑之间，胶鬲举于鱼盐之中，管夷吾举于士，孙叔敖举于海，百里奚举于市。"

孟子说的这些人都是历史上的王侯将相，他们均出身低微。舜从田野里被起用，傅说被起用前是泥水匠，胶鬲没被起用时以贩卖鱼盐为生，管仲脱离牢狱后被起用，孙叔敖被起用时在湖滨隐居，百里奚被从奴隶市场赎买回去并加以重用。

项羽出身名门，系楚国贵族，本人则是"力拔山兮气盖世"的英雄，后人评价："羽之神勇，千古无二。"刘邦出身农家，还有游手好闲的劣名。公元前206年，在咸阳郊外的鸿门，双方举行了一次宴会，这就是历史上著名的鸿门宴。当时，项羽兵强马壮，大军四十万，刘邦兵十万。双方强弱对比，一目了然。项羽的军师范增设下鸿门宴，就是想借机诛杀刘邦，帮项羽一统天下。刘邦则在军师张良的运筹帷幄之下，成功脱逃。此后，经过长达四年的搏杀，项羽在垓下战败，自刎于乌江。

刘邦为什么会胜？他胜在知人善用。刘邦功成后自言："夫运筹帷幄之中，决胜千里之外，吾不如子房；镇国家，抚百姓，给饷馈，不绝粮道，吾不如萧何；连百万之众，战必胜，攻必取，吾不如韩信。三者皆人杰，吾能用之，此吾所以取天下者也。项羽有一范增而不用，此所以为我禽也。"鸿门宴上，刘邦脱逃后，范增用剑击碎刘邦赠的玉斗，说："唉！竖子不足与谋！夺项王天下者，必沛公也！"出身卑微的刘邦战胜了出身贵族的项羽，开创了存续四百多年的汉朝（公元前202年–

公元 220 年）。

> 孟子曰："故天将降大任于斯人也，必先苦其心志，劳其筋骨，饿其体肤，空乏其身，行拂乱其所为，所以动心忍性，曾益其所不能。"

孟子的这段总结，人人都应该熟背。苦点儿，累点儿，这些都不算什么，若干年后你会明白，所有的痛苦，都是上天给你的礼物。正是这些苦难和不如意，才成就有出息的你。

《论语》中记载：

> 太宰问于子贡曰："夫子圣者与？何其多能也？"子贡曰："固天纵之将圣，又多能也。"子闻之，曰："太宰知我乎？吾少也贱，故多能鄙事。君子多乎哉？不多也。"

太宰问子贡："老师是圣人吗？为什么如此多才多艺？"子贡说："老天本来就让他成为圣人，又让他多才多艺。"孔子听到后，说："太宰了解我吗？我小时候处在下层，所以会干很多事。条件好的有这么多技能吗？不会有的。"

孔子说："少也贱，故多能鄙事。"我每读到此，都有流泪的冲动。孔子之所以能成一代圣人，东方最伟大的哲学家和教育家，影响中国、东南亚乃至世界二千多年，与他的"少而贱"分不开。有人说过，只有哲学家，与帝王并列。我要说：帝王也无法与孔子相提并论。古有"半部《论语》治天下"的佳谈，今有孔子给我们中华民族的文化自信。

我非常喜欢一句西方谚语，翻译成中文就是："上帝为你关上一扇门，必定为你打开一扇窗。"这句西方谚语很有哲理。人生就是这样。上帝对每一个人都是公平的，你站得够高才能看清这一点。你若出生在贫苦之家，没有富贵人家的孩子那么好的物质条件，可你因为不娇惯而拥有强壮的体魄，你更知生活的艰辛和真谛，也就是我们常说的“穷人的孩子早当家”。穷人家的孩子没有富人家孩子玩的昂贵的机器人玩具，可你有父亲亲自打磨制作的手工玩具，而这独一无二的手工玩具，从价值上远胜从商场购买的批量产品。

第三章

所谓师者

CHAPTER 03

我们从小学到大学毕业一般要经历16年的求学生涯，有的还要接受研究生或其他职业教育。在我们的学习过程中，遇到好老师，能改变我们的学习成绩和人生轨迹。遇到好老师，会成为我们的幸运。

韩愈说：“师者，所以传道、授业、解惑也。”好老师能最大限度地激发学生的学习积极性和潜能，能激励并改变学生的人生。

孔子被后世尊称为“至圣先师”。他是中华民族历史上第一个伟大的教育家，有弟子三千，其中身通“六艺”者七十二人。

孔子首创私学，“有教无类”的办学观，让很多出身贫穷的子弟有求学的机会。在此之前，“学在官府”，就是学校为贵族子弟而设，平民、穷人没有受教育的可能。孔子一生“诲人不倦”，持续努力收徒讲学，培养了一大批人才。

在孔子的教育思想中，最光辉的就是“有教无类”，即人人应受教育的主张。孔子从“仁”的观念出发，对一切可以施教的人，只要“自行束脩以上”，都不加拒绝进行教育，使其享有均等的受教育机会。孔子招收学生兼收并蓄，不受国籍、贵贱、贫富、老幼的限制。孔子在二千多年前能有这样的教育观念，非常伟大。

孔子在教育实践中提出一个著名观点：“诲人不倦。”他的学生中有才智高的，有才智中等的，也有才智下等的，他都不厌不倦地教他们。孔子曾经讲过，十户人家，必有一人在“仁”上面贤过自己，但没有人能像自己一样爱好学习。孔子用自身好学，以及终身学习的态度和作为，为他的学生树立了不断学习的光辉典范。像孔子的学生子路，为人耿直，孔武有力，一生忠于孔子。子路性情粗犷，孔子循循善诱地教诲他，告诫他：“由，诲女知之乎？知之为知之，不知为不知，是知也。”子路在孔子的长期调教下，也成为颇有政绩的好学生，还做过鲁国季孙氏的总管，后来又做过卫国大夫孔悝的邑宰。

孔子自创了许多教学方法，至今仍熠熠生辉。

☆乐于学习的理念

> 子曰：“知之者不如好之者，好之者不如乐之者。”

懂得某种学问，比不上喜爱它，喜爱它不如把研究学问作为快乐。把学习和追求学问作为快乐，才是最高境界。很多优秀学子都是以学习为乐趣的学生。孔子本人也以学习为乐，晚年喜欢读《周易》，以致“韦编三绝”，即穿竹简的皮绳都断了多次。

☆因材施教的方法

孔子注意到人的才智有高下之分，必须区别对待。他说：“中人以上，可以语上也；中人以下，不可以语上也。”也就是要因材施教。《论语》中记载：

> 公西华曰：“由也问闻斯行诸，子曰‘有父兄在’；求也问闻斯行诸，子曰‘闻斯行之’。赤也惑，敢问。”子曰：“求也退，故进之；由也兼人，故退之。”

公西华说：“仲由问是不是听到就做，您说‘还有父兄在’；冉求问是不是听到就做，您说‘听到就做’。我感到大惑不解，大着胆子问个明白。”孔子说：“冉求谦退，所以我要鼓励他上前；仲由好胜，所以我要压压他。”这就是孔子的高明之处，他深知学生的弱点和不足，用不同的方法进行调教。

☆启发式教学

子曰：“不愤不启，不悱不发，举一隅不以三隅反则不复也。”

朱熹的《论语集注》的解释是：“愤者，心求通而未得之意。悱者，口欲言而未能之貌。启，谓开其意。发，谓达其辞。物之有四隅者，举一可知其三。反者，还以相证之义。复，再告也。”这意思是说，学生想弄明白学问或道理而想不明白时，你去点拨他；学生想说又说不出来时，你去启发他。物有四个角，知道其一则知其三，即举一反三。这种启发式教学很重要。

☆互动式教学

《论语》中师生之间的对话，涉及“仁”，涉及“学”，涉及“礼”，涉及鬼神，乃至生活的方方面面。这种问答式教学，是最好的教学方法，调动了师生两方的积极性。

樊迟问仁，子曰：“爱人。”问知，子曰：“知人。”樊迟未达，子曰：“举直错诸枉，能使枉者直。”

樊迟问什么是“仁”，孔子说：“爱人。”樊迟又问什么是智？孔子说：“了解他人。”樊迟没理解，孔子便说：“把正直的人提拔出来代替不正直的，能使不正直的人变得正直起来。”

子贡问友，子曰：“忠告而善道之，不可则止，无自辱焉。”

子贡问交友的道理，孔子说：“忠心地劝告他，好好地引导他，如果他不听，就应该停止，不要使自己遭受侮辱。”

子贡曰：“贫而无谄，富而无骄，何如？”子曰：“可也，未若贫而乐，富而好礼者也。”

子贡与老师一问一答，贫而快乐、富而好礼的境界一下子提高了很多。这段对话对我们现代人的生活也颇具启发，富人低调而有礼貌，穷人知足常乐，是为富为贫的哲理。

子贡问曰："有一言而可以终身行之者乎？"子曰："其恕乎！己所不欲，勿施于人。"

子贡是孔子的得意弟子，他非常聪明，想从老师那里学到能终身奉行的一句话，问得高明。孔子回答得更好："就是恕。自己不愿意去做的事情，不要强迫别人去做。"我们为人处世能做到孔子所说的恕，就能摒弃自私之心，设身处地为别人想想，做到"己所不欲，勿施于人"。

☆学以致用的现实教学

孔子的时代，读书之人的出路就是"出仕""为政"。当时做官（仕）有两种态度，一是享受荣华富贵，二是为了道义。孔子坚持并实践仁政，造福于民，无疑是后者。我们常把孔子看成哲学家、教育家，而忽视其从政做官的经历。孔子仕鲁，在鲁国做过三次不同级别的官。一次是做中都宰，相当于现在的县长；一次是小司空，相当于自然资源部部长助理；最后一次是大司寇，相当于现在的最高法院院长。应该说，孔子不但做官，而且级别很高。孔子的从政经历，让他讲出很多更具哲理、更有针对性的论断。

子贡曰："有美玉于斯，韫椟而藏诸，求善贾而沽诸？"子曰："沽之哉！沽之哉！我待贾者也。"

子贡说："假设有一块美玉在这里，是把它装在柜子里收藏起来呢，还是找一个识货的商人把它卖出去呢？"孔子说："把它卖掉！把它卖掉！我也在等待识货的商人呢。"孔子说自己在等待，他游说列国国君，以求重用，好施展其仁政和主张。

子曰："出则事公卿，入则事父兄。"

孔子说："出仕就侍奉公卿，在家就侍奉父兄。"孔子的学生冉求多才多艺，成为鲁国最高行政长官，还带兵打仗。子路也做过卫国大夫孔悝的邑宰。孔子的学生分别从政、从商、从文，均能学以致用。

☆具体的学习方法

《论语》第一句："学而时习之，不亦说乎！"意思是，学习知识后按时温习，不也是很愉快的吗！我们现在所说的学习，把"学"和"习"结合起来，所以学后一定要定时复习。人的大脑在首次学习和记忆后，有一段有效记忆时间，这段时间每个人不一样，一定要在遗忘之前进行复习，加深记忆。经过反复的记忆之后，有些知识就会终生不忘。这就是古人能把四书五经都熟背于心的道理。我们现在总结为反复循环记忆法，通过对知识反复循环记忆，达到牢记知识、铭刻于心的目的。我过去在法院业余大学教民法时，就用这个方法教授学员。

孔子提出："知之为知之，不知为不知，是知也。"还要"不耻下问"。孔子教育学生，不懂就问，不能不懂装懂，做学问尤其要不耻下问，这样才能集他人所长，避免刚愎自用。

子曰："学而不思则罔，思而不学则殆。"

只是读书，却不动脑筋思考，就会迷茫，易受蒙蔽；只是苦思冥想却不认真读书，就更危险了。在学习中加以思考，把知识融会贯通，当思考不足、受限或疑惑时，再去学习，把学习和思考结合起来，才能真正学会知识，才能避免成为无用的书呆子，才能成为我们提倡的创新型人才。

学习还需要切磋、琢磨，通过交流，取长补短，不断进步。

子贡曰："《诗》云'如切如磋，如琢如磨'，其斯之谓与！"

> 子曰："赐也，始可与言《诗》已矣，告诸往而知来者。"

子贡说："《诗经》上说'像加工骨器，切了还要磋；像加工玉器，琢了还得磨'就是这个意思吧！"孔子说："赐呀，现在可以与你谈《诗经》了。告诉你这点，你就能领悟那点。"

通过孔子师生的对话，我们明白做人和做学问都要如切如磋、如琢如磨，要通过反复切磋、琢磨，才能通达贯通。

孔子提出并实践活到老、学到老的精神，提出了"学而不厌"的理念，达到了"以学为乐"的境界。很多人的学习，却是功利主义的：为荣誉而学习，为功名利禄而学习。我们可以看到高三学生在高考冲刺中，如何夜以继日地学习，如何摒弃一切外在的干扰。家长也是忧心忡忡，如何给孩子提供营养餐饮，如何为孩子提供安静的环境，如此等等。无论是学生本人，还是家长和整个社会力量都在为高考而努力。但我们却忽视了进入高校后的学习，很多孩子就此松懈，家长也认为大功告成。其实，人生就像一场马拉松，终身学习才是关键。我们发现，同一大学的毕业生，在毕业之际，学习和能力相差不大；毕业十年后，就有差距；毕业二十年，差距很大；毕业三十年，差距巨大。这其实是人本身知识、智慧、才华的差距，而造成这一差距的原因，就在于你是否坚持不断学习。

> 叶公问孔子于子路，子路不对。子曰："女奚不曰，其为人也，发愤忘食，乐以忘忧，不知老之将至云尔。"

叶公问子路，孔子是什么样的人，子路不知该如何回答。孔子说："你为什么不说，他的为人，发愤学习把吃饭忘了，心里快乐把忧愁忘了，不知道衰老即将来临。"孔子对自己人生的高度概括就两句话："发愤忘食，乐以忘忧。"学习到忘记吃饭，快乐到忘记烦恼，连衰老都不在乎，多么充实和幸福的人生啊！而这种快乐人生的前提是终身以学为乐。

☆孔子与弟子师生情深

孔子奉行“仁者爱人”的理念，对待自己的学生有教无类、一视同仁。在这些学生中，孔子对小他三十岁的贫寒子弟颜渊很看重，把颜渊列为德行之首。可惜颜渊四十一岁就死了，孔子为此伤心大哭，有人进行劝慰，认为他哭得太伤心了，孔子说：“我哭得太悲痛了吗？我不为这样的人悲痛还为谁悲痛呢？”

有一次，孔子的学生陈亢碰到孔子的儿子伯鱼，他带着怀疑的口吻问道：“你在你父亲那里是否听到过一些我们所听不到的特别的教导呢？”伯鱼答道：“没有。有一天，我父亲一个人站在堂前，我快步走过庭院，父亲问：‘你学过《诗》了吗？’我说：‘没有。’父亲便说：‘不学好《诗》，就不能很好地言谈应对。’我回来就学《诗》了。又一天，我父亲一个人站在堂前，我又快步走过庭院，父亲又问道：‘你学过《礼》了吗？’我说：‘没有。’父亲说：‘不学好《礼》，就不懂得立身处世的准则。’我回来就学《礼》了。我私下就听到这两次教导。”陈亢告辞后非常高兴地说：“我问的只是一个问题，而从回答中得到的收获却是三个，一是明白了学《诗》的重要性，二是明白了学《礼》的重要性，三是明白了正人君子对自己的儿子也不偏私。”

有一次，孔子对颜渊说：“有用我的，就实行我的主张；不用我，我就将它收藏起来。只有我和你能这样了！”子路说：“如果您率领军队指挥作战，您找谁同行？”孔子表扬颜渊的德行，子路听了不服气，觉得你如果领兵打仗，还不是靠我吗？他们师生之间的对话，非常有趣、可乐。

《论语》记载：

子见南子，子路不说。夫子矢之曰：“予所否者，天厌之！天厌之！”

孔子去见南子，子路不高兴。孔子对天发誓说：“如果我的行为不合适，天厌弃我吧！天厌弃我吧！”南子是卫灵公夫人，把持朝政，她要见孔子，孔子不去也不合适。但因为南子名声不好，子路对此不太高兴。孔子并没有生气或训斥子路，而是发誓自己的所作所为合乎道理，没有错。可见，孔子与子路的关系非常和谐、自由、随性，并没有我们所想的老师板着脸训斥、学生诚惶诚恐的场面，而是情同手足。

端木赐，字子贡，是孔子最为得意的弟子之一，也是孔门十哲之一。孔子在《论语》中数次称赞子贡，称他为“瑚琏”之器，赞他“告诸往而知来者”。

子曰：“回也其庶乎，屡空。赐不受命而货殖焉，亿则屡中。”

孔子说：“颜回的道德文章差不多了，可他常常贫穷。子贡不受命运摆布去经商，猜测行情，常常猜中。”

子贡经商有奇才，从政能“达”。因此，在老师孔子看来：子贡在道德文章、政事、商事上是全方位人才。子贡尊敬老师，善于思考，善于提问，会向孔子问仁、问政、问友，师徒两人的精彩问答，给后人留下了诸多为人处世的宝贵准则。

孔子去世前七天，子贡去看他，孔子说：“赐啊，你怎么才来呀！”此前，颜回和子路都先孔子而去，孔子最得意、最爱护的学生就是子贡啦。孔子去世后，学生们都像为父亲守丧一样守三年。当其他学生都离去后，子贡独自留下来，在孔子的墓边盖了个小房子，继续陪伴老师三年。不是父子，胜过父子。

叔孙武叔毁孔子。子贡曰：“无以为也，仲尼不可毁也。

他人之贤者，丘陵也，犹可逾也；仲尼，日月也，无得而逾焉。人虽欲自绝，其何伤于日月乎？多见其不知量也。”

叔孙武叔诽谤孔子，子贡说：“不要这样做吧，仲尼是不可诽谤的。他人之贤，好比山丘，还可以超越过去；仲尼却像日月一样，别人是无法超越的。一个人即使要自绝于日月，可那对日月又有什么损伤呢？只是表明这个人不自量力而已。”子贡把孔子视为日月，无法超越。

陈子禽谓子贡曰：“子为恭也，仲尼岂贤于子乎？”子贡曰：“君子一言以为知，一言以为不知，言不可不慎也。夫子之不可及也，犹天之不可阶而升也。夫子之得邦家者，所谓立之斯立，道之斯行，绥之斯来，动之斯和。其生也荣，其死也哀，如之何其可及也？”

陈子禽对子贡说：“你是谦恭吧，仲尼哪里比你还好呢？”子贡说：“君子说一句话就显示其聪明，同样说一句也显示他的无知，所以说话不能不慎重啊！我的老师不可企及，就像不能搭阶梯爬上天一样。我的老师若当上诸侯或卿大夫，他要百姓立于礼，百姓就会立于礼；引导百姓，百姓就会跟他走；安抚本地的百姓，远处的百姓就会来归顺；动员百姓，百姓就会都响应。他生得光荣，死得哀荣，这样的老师，怎么能赶得上呢？”

二千多年前，孔子为了实现自己的主张，在交通不便、生活困难的情况下，带着颜回、子路、子贡等弟子，走走停停，花了十四年，周游列国，虽历经艰难险阻，到处碰壁，仍为了理想而坚持。这种“明知不可为而为之”的精神，至今仍感召我们。虽然，路途充满危险，但面对危险时的处理方式，又何尝不是在给弟子们上课。

孔子师生在经过匡时，被匡人甲士包围，弟子们很害怕，孔子说："天之未丧斯文也，匡人其如予何！"孔子到宋国去，与弟子在大树下习礼，宋国司马桓魋想加害孔子，弟子们都劝孔子快走，孔子说："天生德于予，桓魋其如予何！"孔子在生死关头不惊恐，在武力面前不低头，对自己的德行、能力和使命充满信心，加上得当的处理措施，终于化险为夷。孔子说过："志士仁人无求生以害仁，有杀身以成仁。"他自己也实践了这个道德信条。追随孔子的弟子们，在长达十四年的游学过程中，接受孔子为学、为人、为政等全方位的教育，师生结下深厚情谊，令我们心仪和神往。

我在求学过程中，有幸遇到过很多位好老师。

我们初二开始学习物理课。教物理的是柳老师，时隔多年，他上课时的言谈举止仍历历在目。

他有两个显著特色：其一，很注重形象，上课时穿的衣服整整齐齐、干干净净；其二，讲话犀利，课堂纪律严明，没有人敢在他的课堂上调皮捣乱，最调皮的学生在他的物理课上也乖乖的。由于课堂纪律好，加上柳老师讲物理生动有趣，我特别喜欢物理。一次期中考试，我物理满分。为此，柳老师总夸我年龄小、成绩好之类。能被严肃、高傲的柳老师夸奖，我受宠若惊，为此，我更加努力也更加喜欢学习物理，物理成绩也始终第一。

我非常感谢柳老师，是他的鼓励和夸奖，激发了我的荣誉感和潜能，顺利考上中专。在刚恢复高考不久的年代，能考上中专，非常不易，因为中专的录取分数是超过重点高中的。不过我没上中专，继续读重点高中，后来考上华东政法大学。

我大学时也遇到一位好老师，是庄老师。庄老师是我毕业班的班主任老师，他五官端正，戴副眼镜，为人正派，一脸正气。在写毕业论文选题时，我跟庄老师在法学理论上发生争执，他认为我的选题和思路不行，我则据理力争，经此一争，我们俩的距离反而拉近了。虽然他否定了我的观点，却非常欣赏我的好学和思辨。

参加工作后，是庄老师启发我考律师资格，重回上海。为此，我一举考取律师资格，从毕业后工作的三线城市，进入一线城市上海。回到上海后，庄老师全力以赴帮助我，在他和薛、邹、赵、张、尹、沈等一帮好同学的鼎力支持下，我在上海迅速站稳脚跟并大展拳脚。

感谢大学的庄老师，他给我指明人生路，帮我走出新天地。

第四章

中国人的信仰

CHAPTER 04

现在，有一种谬传，说中国人没有信仰。

先是外国人或外国媒体借某个事件，对中国人妄加评判。而后国内某些媒体不加分析、思考、判断，简单引用，似乎中国人真的没有信仰。

姑且不说这是外国人的阴谋论，是对我们的信仰和道德的否定。我们自己也应该深思，找出、整理和形成我们的信条。

中国人有信仰，就是以孔子为代表的儒家文化。儒家文化源远流长，这种信仰和文化已根植于我们民族的血液之中，我们每一个人的言行、举止、思想方式等都自觉或不自觉地受其影响。中国人形成了以儒家文化为主流，道教和佛教为补充的独特信仰和文化体系。

孔子生于公元前 551 年，是中国古代著名思想家，开创私学的教育家，是儒家学派的创始人。儒家思想对中国和世界都有深远的影响，孔子也被列为“世界十大文化名人”之首。

孔子一生好学，知识渊博，是当时最有成就的哲学家、思想家。他广收学生，有教无类，开创了私学和教育的新局面。他从政、为官时施行“仁政”，造福于民；教学时以自己的言行教育学生，在为学、为人、为政等方面树立全方位的示范。周游列国时期，孔子虽历经艰难和危险，仍矢志不移，为实现理想而奔波奋斗终生。我们至今仍在学习孔子的品德和为学、为人的态度，每当我们读到和体会孔子的话，都倍感精炼、睿智和亲切，仿佛孔子就在我们身边。

孔子的思想博大精深、影响深远，深入到每个中国人的骨髓，自觉或不自觉地成为我们每个人的信仰。其思想之大、之深，在此无法详述，只把其中仍影响我们生活的部分略作列举。

☆有志

孔子十五有志于学，把学习作为自己的终生大志。

子曰："三军可夺帅也，匹夫不可夺志也。"

强调了匹夫（普通人）不可夺志。这番教诲，成为我们中华民族的脊梁，自古以来，多少仁人志士为国家、为民族抛头颅、洒热血，书写了中华民族不屈不挠的光辉篇章。

☆仁

子曰："里仁为美，择不处仁，焉得知？"

说明仁的环境熏陶作用很重要。

子曰："仁远乎哉？我欲仁，斯仁至矣。"

这句话最有意义，与现实也最贴近。你追求什么，你就会成为什么。你追求仁，仁就会到来。你追求做法官、律师，你才有可能做法官、律师；你追求做医生、护士，才有可能做医生、护士；你追求当影星、歌星，才有可能当影星、歌星。一句话，你追求什么，什么就是你。

子曰："刚、毅、木、讷近仁。"

孔子说："刚强、坚毅、质朴、言语谨慎，这些品德是接近仁的。"孔子在此给仁赋予了最接近的特质。

☆恕道

子贡问曰："有一言而可以终身行之者乎？"子曰："其恕乎！己所不欲，勿施于人。"

子贡问道："有一句话可以终身奉行的吗？"孔子回答说：

“那就是恕吧！自己所不希望的，不要施加给别人。”

“己所不欲，勿施于人”应该成为我们为人处世的准则，这不仅是处理人际关系的标准，也是处理团体利益，乃至国家关系的共同准则。

☆做人

人要有信。

子曰：“人而无信，不知其可也。大车无輗，小车无軏，其何以行之哉？”

孔子说：“一个人如果不讲信用，真不知道他怎么处世。这就像大车没有輗，小车没有軏一样，那车怎么能走呢？”

见义勇为。

子曰：“见义不为，无勇也。”

孔子认为，见义不为，是无勇，是懦弱，提倡见义勇为。

去奢尚俭。

林放问礼之本，子曰：“大哉问！礼，与其奢也，宁俭。”

林放问礼的要义，孔子说：“你提的问题意义很大啊！就礼节仪式来说，与其过分奢侈，宁可朴素节约。”小到个人，大到国家，在礼节上一定要去奢尚俭。个人请客，够吃、吃好即可，不要铺张浪费。

有志于道。

子曰：“士志于道而耻恶衣恶食者，未足与议也。”

孔子说：“有志于探求真理，而以穿得不好吃得不好为耻辱的读书人，不值得一起论道。”过分在意吃好、穿好，在生活中追求名牌而忽视道德修养的人，是没有出息的。

严以律己，宽以待人。

子曰：“躬自厚而薄责于人，则远怨矣。”

孔子说："对自己多反省责备，对别人宽厚少责备，这样就有效避免怨恨了。"这在为人处世中，尤为重要。

☆敏行

做个敏行的行动者，而非理论派。

子曰："敏于事而慎于言。"

孔子说："办事迅速敏捷，说话小心谨慎。"

子曰："我非生而知之者，好古，敏以求之者也。"

孔子说："我不是生来就有知识的，是喜爱古代文化，勤奋敏捷去寻求来的。"

孔子教导我们敏以求、敏于事。我们无论是做学问、还是做事，一定要做个行动者。如果仅仅停留在空想阶段，人的一生不会有成就。

☆利（财富）

厩焚。子退朝，曰："伤人乎？"不问马。

自家的马棚失火了，孔子退朝回来，问道："伤人了没有？"却不问马怎么样了。《论语》这段内容，告诉我们孔子的财富观，人为本，人是第一位的，财富是第二位的。

孔子是注重现实的，他也重视财富。

子曰："自行束脩以上，吾未尝无诲焉。"

孔子说："只要是带着束脩（十条干肉）来求见我的，我从来没有不给予教诲的。"

子曰："富贵可求也，虽执鞭之士，吾亦为之。如不可求，从吾所好。"

孔子说："如果财富能够求得的话，即使做低等（执鞭）差事，我也愿意去做。如果不能求得，我还是做自己喜欢的事。"由此可见，孔子是重视财富的，不虚夸、不装清高，用现在的话说：接地气。

子曰："君子喻于义，小人喻于利。"

孔子说："君子明白的是大义，小人唯利是图。"这话非常重要，当义与利冲突时，要义在前，私利在后。

子曰："放于利而行，多怨。"

孔子说："把利益作为行事的准则，多招致怨恨。"唯利是图，必然众叛亲离，招致他人怨恨。现代人更须谨记。

☆"三戒"

子曰："君子有三戒：少之时，血气未定，戒之在色；及其壮也，血气方刚，戒之在斗；及其老也，血气既衰，戒之在得。"

戒色：年少时，血气尚未稳定，不要贪恋女色；戒斗：壮年时，血气正旺盛，不要争强斗狠；戒得：年老了，血气衰退，不要贪得无厌。

孔子讲的"三戒"其实适合每个年龄段，能做到"三戒"，才算得上君子。佛教有"五戒"：戒杀、戒盗、戒淫、戒妄、戒酒，与孔子倡导的有惊人的相似之处。

☆"四不"

子曰："不怨天，不尤人，下学而上达。"

孔子说："不抱怨天，不责备他人，通过学习平常的知识，透彻地领会高深的道理。"

子曰："君子无所争，必也射乎！揖让而升，下而饮，其争也君子。"

孔子说："君子没什么可争的。如果要争的话，必定是射箭比赛吧！即使是比赛，互相作揖致敬后登台，下来后互相敬酒，这样的争，也是君子之争啊！"

子曰："出则事公卿，入则事父兄，丧事不敢不勉，不为酒困，何有于我哉？"

孔子说："出仕侍奉公卿，在家侍奉父兄，办丧事不敢不尽力，不被酒困扰，我做到了哪些呢？"

综上，孔子提出"四不"：不怨天，不尤人，君子不争，不为酒困。不抱怨环境，不责备他人，下学而上达，积极进取；与人无争，一团和气；不为酒困，始终保持清醒的头脑和优雅的行为。

☆交友

子曰："道不同，不相为谋。"

孔子说："价值观不同，就不能共事、谋划。"交朋友，首先要志同道合。

孔子的学生曾子对此加以细化：

曾子曰："君子以文会友，以友辅仁。"

曾子说："君子用文章学问交朋友，通过朋友交往增加仁德。"文是一种共同的学问和爱好。

子曰："群居终日，言不及义，好行小慧，难矣哉！"

孔子说："整天聚集在一起，言谈从不提及道义，喜欢卖弄小聪明，这种人难有出息。"孔子教导我们，对于那些言不及义的人，要小心，不能成为挚友。

子曰："无友不如己者。"

孔子的意思是说要与比自己优秀的人交朋友。

我们平时说的高朋满座就是这个意思。与高朋交友，从他们身上汲取有益的营养，提高自己的修养，符合孔子"见贤思齐"的思想。我们与什么样的人交朋友，就会变成什么样的人，所以切记要与高朋交流。

孔子提倡“主忠信”，把忠实诚信作为重要品德。

孔子的学生子夏说：“与朋友交，言而有信。”曾子所说的“吾日之省吾身”的其中一条便是：“与朋友交而不信乎？”孔子的弟子均受孔子的教诲，认为与朋友交往要言而有信，反之，那些出尔反尔、没有信用之人，要远离之。

子曰：“益者三友，损者三友。友直、友谅、友多闻，益矣；友便辟、友善柔、友便佞，损矣。”

孔子说：“有益的朋友有三种，有害的朋友有三种。朋友正直、诚实宽厚、见识广博，是有益的。朋友奉承、谄媚、花言巧语，是有害的。”

刚开始交往时，你无法一下子辨别朋友的品性，通过一段时间的交往，彼此了解后，近益友、远损友，这就是一个选择朋友的过程。

子曰：“君子和而不同，小人同而不和。”

孔子说：“君子能和谐共处，但不结党，小人结党却不能和谐相处。”

孔子讲的和而不同，境界很高。真正的好朋友，都能做到和而不同。我们能看到电影导演与音乐家成为挚友，律师和医生成为好友，诺贝尔奖获得者同画家成朋友，他们分别是不同行业的佼佼者，之所以可以成为朋友，源于他们之间互相欣赏、彼此尊重。

☆快乐人生

孔子倡导并奉行乐观快乐的人生哲学，我个人认为这是孔子思想最华彩的部分。

子曰：“知者乐水，仁者乐山。知者动，仁者静。知者乐，仁者寿。”

孔子说："智者喜欢水，仁者喜欢山。智者活跃，仁者恬静。智者快乐，仁者长寿。"

孔子在这里把乐山、乐水，上升到智者、仁者的高度，形成一种快乐哲学。孔子还说过"知者不惑，仁者不忧，勇者不惧"。仁者不忧，就是仁者奉行快乐和无忧的人生态度。

子曰："发愤忘食，乐以忘忧，不知老之将至。"

我们也应当像孔子这样把终生学习作为快乐。

西方有位哲学家也说过类似的话。能够把学习作为快乐是人生最大的幸运，这样，我们就能克服人生的痛苦和无聊。人总有许多追求，追求没有实现就会痛苦，而实现了目标，剩下的又是无聊。如果我们能够以学习为乐，终生学习，就能彻底摆脱人生的痛苦和无聊，同时，使自己的知识丰富起来，人格高尚起来。

《论语》记载，子路、曾皙、冉有、公西华四人陪孔子坐着。孔子说："不要因为我比你们年长，就不敢讲实话。你们平常爱说：'没有人了解我呀！'如果有人知道并重用你们，你们打算怎么做？"

子路抢先说："如果有一个千乘之国，夹在几个大国之间，外面有军队侵犯它，国内又连年闹灾荒，让我去治理，只要三年，就可以使那里人人有勇气、个个懂道理。"

孔子对他一笑。

孔子又问："冉求，你怎么做？"

冉求答道："方圆六七十里或五六十里的小国，我去治理，只要三年，可以使百姓丰衣足食，至于礼乐教化，有待贤人。"

孔子又问："公西赤，你怎么做？"

公西赤答道："我不敢说自己有本事，愿学着这样做。祭祀或会盟的时候，我愿意穿着礼服，做个小司仪。”

孔子又问：“曾点，你怎么做？”

曾皙放缓节奏，铿的一声放下瑟，站起来答道：“我的志向跟他们三位不同。”

孔子说：“有什么关系呢？都是各言其志而已。”

曾皙说：“暮春三月，春天的衣服已经穿上，约上五六个成人，六七个小孩，在沂水边戏水，在雩台上吹吹风，一路唱着歌回家。”

孔子感叹一声说：“我赞同曾点。”

孔子与四位弟子的闲聊很有意思。子路不仅抢着发言，还不谦虚地说只要三年就可以治理好大国。冉求、公西华、曾点，都是孔子点名后才发言的。最后，孔子认可曾点的志向，五六个大人、六七个小孩春游，戏水、吹风、唱歌，多快乐的事。

> 子贡曰："贫而无谄，富而无骄，何如？"子曰："可也。未若贫而乐，富而好礼者也。"

子贡作为孔子最聪明的学生，向老师问贫、富该如何做人的道理，孔子说“贫而乐”穷人能保持和拥有快乐，这才是真正的智慧。贫而乐的境界，对王侯将相和富人而言，也是值得羡慕的。

> 子曰："饭疏食饮水，曲肱而枕之，乐亦在其中矣。"

孔子描述的状况够穷了，吃粗粮，喝凉水，以手臂当枕而睡，仍然乐在其中。外在环境不佳和生活贫穷，仍能乐在其中，这是孔子教给我们的伟大智慧，但真正能理解并做到的人，少之又少。

> 孔子曰："益者三乐，损者三乐。乐节礼乐、乐道人之善、乐多贤友，益矣；乐骄乐、乐佚游、乐宴乐，损矣。"

孔子说，有益的快乐有三种：把以礼乐节制行为作为快乐，把赞扬别人的长处作为快乐，把多交贤良的朋友作为快乐。

孔子说，有害的快乐也有三种：把喜欢骄纵放肆作为快乐，把喜欢纵情游荡作为快乐，把喜欢宴请纵欲作为快乐。

孔子教导我们，要实践有益的快乐，那才是真正的、长久的快乐。

第五章

人以何分

CHAPTER 05

哲学家叔本华认为，决定人命运的根本差别在于三项内容，它们是：一是人的自身，即在最广泛意义上属于人的个性的东西；二是人所拥有的身外之物，即财产和其他占有物；三是人向其他人所显示的样子，这可以理解为人在其他人眼中所呈现的样子，即人们对他的看法。

叔本华跟母亲关系不合，26岁时与母亲决裂，直至其母去世，母子再无交集。可能是这样的经历影响了叔本华的人生观，因此他对女性颇具偏见，终身独处，没有结婚，而婚姻和家庭的缺憾导致他上述划分的第二项有一个缺陷：把身外之物解释为财产和其他占有物，而没有包括婚姻家庭关系。

我个人认为，对决定人命运的根本差别的内容作如下划分或许更全面：人的自身，人所拥有的财物及婚姻家庭关系，以及人向其他人所显示的样子。

人的自身，包括人的智力要素、道德品质、个性、习惯、健康、力量、外貌、性别、气质等。

一个人的自身，也就是一个人的综合素质，是第一位的，其他的均由其派生而来。人的自身跟其他两项是本末关系，没有人本身，也就谈不上财产、婚姻、名声等。

一个人是伟大还是渺小，是善良还是邪恶，是成功还是失败，都是由人本身决定的。

在人自身的诸因素中，它们的重要性和排序也是不同的，这种排序见仁见智。

我认为人的智力要素应排在首要位置。我们知道，人类之所以在与其他动物的竞争中胜出，靠的是智力。单凭力量和勇敢，人不是狮子、老虎的对手。人既不能像雄鹰一样在天空翱翔，也不能像鳄鱼一样在水中漫游，但人类却战胜了各种动物。同样，人类本身也有着巨大差别，有的是哲学家，有的是文学家，有的是政治家，如此等等。人的职业和阶层划分，也归结于人的智力。所以，人的智力是造成人与人之间巨大差别的关键所在。我们要承认人的智力差别，正如孔子的“因材施教”，我们要对不同的对象适用不同的教育方法，这种认识对我们选择工作和职业具有决定性的意义。但智力是分领域、分行业的，不能笼统而论。我们一定要扬长避短，发挥自己的优势，成就自己的华彩人生。

人的道德品质是最重要的基本素质，也是我们评判人才时所说的德才兼备，以德为先。人生是长跑，成败得失并不在一时一事，纵观终生，德尤为重要。可以说，成就一个人最重要的因素是高尚的品德。

曾经有个企业家跟我聊用人时德和才哪个重要的问题。我说，德和才都重要，要分时点和阶段去看。在关键时点，首先要用有才之人。在通常情况下，重视有德之人。另外，德与才并非矛盾的概念，可以合二为一。在三国时，曹操提出了著名的口号——“唯才是举”，因此，他手下战将如云、人才济济。刘备重用的诸葛亮德才兼备，为了蜀汉鞠躬尽瘁、死而后已。诸葛先生兵出祁山，打得魏国节节败退，魏国只能启用司马懿与之抗衡。最后，诸葛亮和司马懿两大高手对决，虽然诸葛先生在智慧和人品上均高出司马先生一筹，无奈年岁已高，无法继续引导蜀汉对抗曹魏。但司马懿的两个儿子司马师和司马昭皆非善良之辈，司马昭的儿子司马炎最终代魏称帝，国号晋，史称西晋。三国归晋，也是曹魏后代用人不察的必然结果。所以，最好是用德才兼备的人才。如不可，关键时点用人取其才；通常情况下，用人重其德。我的上述用人观得到了好友的首肯。

学习态度及学习能力是人与人拉开距离的根本原因。我们现在提倡创新，创新从哪里来？还是靠知识积累，靠想象力和智慧。“学而不厌、以学为乐、终身学习”的态度和能力是成就卓越个体的根本原因。同时，我们看到，要有才学，只能靠学习；要德行精进，也要靠学习。通过学习，才能提高自己的境界和见识，一个人的境界高了，也就不会目光狭窄，局限于私利，才能做出“治国平天下”的大事。所以，德才兼备的人才，还是靠学习锻造出来的。

人的天性、本性、个性，是神秘而复杂的问题，也是对人这个个体难于把握之所在。

> 孟子曰：“人皆有不忍人之心……今人乍见孺子将入于井，皆有怵惕恻隐之心……由是观之，无恻隐之心，非人也；无羞恶之心，非人也；无辞让之心，非人也；无是非之心，非人也。恻隐之心，仁之端也；羞恶之心，义之端也；辞让之心，礼之端也；是非之心，智之端也。人之有是四端也，犹其有四体也。”

孟子认为人皆有怜恤他人之心，皆有恻隐之心，故人性本善。这也是人异于禽兽之处。人人皆可以为圣人，至于人生中其他方面的成败得失，则不必计较。

荀子在《性恶篇》中写道："人之性恶，其善者伪也。""不可学，不可事而在人者谓之性。可学而能，可事而成之在人者，谓之伪，是性伪之分也。"荀子讲人性虽恶，而人人可以为善。"圣人者，人之所积而致矣。"其与孟子的性善说不同。

我在这里对人性的理论进行概述和列举，是因为这是认识人自身的过程中最难的部分，同时，基于这种理解而形成的世界观，决定了人的思维出发点，也决定了我们以何种方式与别人相处。

关于人性的善恶，我认为还是要从至圣的言语中找答案。

> 子曰："性相近也，习相远也。"

孔子说："人的天性是相近的，后天养成的习气差距就远了。"孔子虽没有说天性的善恶，但认为人的天性相近，重要的是后天的培养。

> 子曰："唯上知与下愚不移。"

孔子说："只有上等聪明的人和下等愚笨的人是不可改变的。"孔子把人分为上知、中人、下愚三类，两端的人难以改变，是因为上知无须改变，下愚朽木难雕，而中人是经过教育或影响可以改变的。

> 子曰："我非生而知之者，好古，敏以求之者也。"

孔子说："我不是生下来就有知识的人，是喜好古代典制，勤奋不懈寻求的。"

> 子曰："吾未见好德如好色者也。"

孔子说："我没有见过像喜爱美色那样喜爱道德的人啊！"

上面四句话，给我们打开了认识人的天性的窗口。首先，人的天性相近；其次，上知和下愚的天性不易改变；再次，人的知识和智慧不是天生的，是后天习得的；最后，好色是人的本性，而好德非人的本性，需要加以引导。纵观人类史，人类在整体上是积极的、向善的，具有普世的价值观和道德观，仁爱、善良、礼让等人类共有的美好价值观永恒存在。

人的个性中蕴含着一种气，或者说气质，如孟子所说的浩然之气，这是最珍贵的。在中国，知识分子多有一种正气，这种正气始于孔子。孔子说："志士仁人无求生以害仁，有杀身以成仁。"孔子自己这么说，也是这么做的。孔子在周游列国时，多次遇险，从未害怕和退缩，为中华民族树立了正气、豪气的榜样。此外，还有文天祥"人生自古谁无死，留取丹心照汗青"的正气，岳飞身上"待从头，收拾旧山河"的豪气。

我们每个人的个性不同，这体现了人的多样性。同一老师，因为学生的个性不同，教育的效果亦不同。同一家庭，兄弟姐妹应该具有相同的物质条件和家庭教育背景，但他们却呈现出不同的个性，在品德、学习和为人处世上有相当明显的差异。尽管科学已相当发达，但仍无法研究出同一家庭的兄弟姐妹之间的差异的原因。即使是双胞胎，也存在有的个性相似，有的个性相去甚远的情形。因此，决定一个人个性的全部要素仍属未解之谜。

等我们到了一定的年纪，有了丰富的人生阅历，再回望走过的路，会发现尽管行走路线蜿蜒曲折、充满坎坷，但大方向仍是清晰的，而决定你大方向的不是别的，正是你本身的个性。个性决定了我们的人生方向和人生的每个关键点，比如考学、工作、择偶等。有些东西是可以学会的，比如知识，有些缺陷也是可以弥补的，只有个性根植于每个人内心，平时深藏不露，关键的时候，个性就会一跃而出，决定我们的人生。选择适合你个性的学习科目，你就会以此为乐，并取得优异的成绩，反之，你就会因选择错误而痛苦不堪。同样，选择符合自己个性的工作，你会如虎添翼，得心应手，把工作当成快乐。选择个性相配的伴侣，才有神仙伴侣的滋味。当我们重视个性，了解自己个性的时候，我们便由盲目走向了自觉，从而拥有了自己的快乐人生。

我们常说："身体是革命的本钱。"身体健康处于关键的地位，属于本金，别的都是附加在其上的孳息。没有了健康的身体，也就没有了学习和工作，没有了快乐的生活，没有了个人的未来。所以，身体健康的人具有压倒性的无可取代的优势。这就是我们的长辈在送别我们的时候，总是叮嘱我们在异国他乡，一定要吃好、睡好、身体好的原因。我们年少时，总是认为父母的这些叮嘱无关痛痒，甚至嫌啰唆。而当我们成为父辈，再成为祖父辈的时候，我们会用同样的话语叮嘱我们的晚辈。因为，当人到达一定的年纪，会透过层层迷雾，一下子抓住事物的本质，看到最核心的东西，然后叮嘱自己的晚辈。

健康是我们幸福的基石和保障，没有了健康，也就没有幸福。然而，我们普通人常常忘记最珍贵的健康。正如我们小时候对拥有的玩具并不在意，而当自己心仪的玩具丢失时，才痛哭流涕。只要我们的身体出现不适，哪怕不是大的健康问题，都会使我们的幸福感丧失。

当我们知道健康重要的时候，我们就会管理好我们的身体。"生命在于运动"，健康的身体来源于长期的锻炼。在美国、英国等发达国家，人们更热衷于体育锻炼，男女老幼各有各的玩法，跑步、健身、登山、越野、探险等各种各样的锻炼项目都很受欢迎。在我们国家，越是大城市，人们也越热衷体育锻炼。上海人均预期寿命全国第一，跻身全球先进行列，这与上海人的精细生活、勤于锻炼有关。我们说“病从口入”，所以，要把握好身体的入口，要把吃饱改为吃好。吃好不是要吃得贵、吃得稀罕，而是要吃得卫生和营养均衡。

除了健康的身体，还要有健康的心理。抑郁症如今已成为全球第四大疾病，越是发达的国家发病率越高，并且呈现低龄化特点。全球抑郁症发病率约为3.1%，而发达国家接近6%。我国的抑郁症情况也不乐观，发病率大概在4%。抑郁症有时不被重视，所以，真正确诊患抑郁症并得到正规治疗的人数比例并不高，这更容易形成隐患。我们无论从社会，还是从家庭，都应该对抑郁症、焦虑症等心理问题予以重视，并进行必要的治疗和干预，让更多的人保持心理健康。

保持快乐和愉悦的心情非常重要。俗语说：“笑一笑，十年少。”快乐和笑声，是带来好心情的良药。那么，怎样才能保持快乐的心情呢？同样的事情，有的人能快乐起来，有的人则不能快乐起来，因为快乐是由个体和预期两方面决定的。上知和下愚容易保持快乐，我们都想让自己成为上知，所以多读书、多修行，当我们的知识融会贯通之际，我们就会心无挂碍，就会幸福快乐！这就是我们平时所说的：看开了。但是，在社会上占绝大多数的还是普通人，既不能像上知一样，有一双慧眼，又不能像下愚那样简单、纯朴，而是更容易把简单问题复杂化，更容易患得患失，因此容易患心理疾病。

我们的幸福快乐也和心理预期有关，当我们的心理预期低，我们的幸福快乐就多。反之，心理预期太高，客观的现实就容易让我们陷入痛苦之中。比如，作为学生，心理预期是全班第一，那么，考了全班第二，心里也不快乐。反之，一个学生的心理预期是进入班级前十，即使只考出第九的成绩，也会欣喜若狂。所以，一件事能否给你带来快乐，带来多少快乐，与你的心理预期成反比关系。这就是佛教的智慧，尽量减少和降低对外的欲望和渴求，实现无牵无挂的自在。如果在生活中我们能减少欲望，就会拥有更多的快乐。我们平常所说的“知足常乐”就是这个道理。所以，要在知足上下功夫。

我们每个人都从过去走来，拥有现在，憧憬未来。我们的很多痛苦源于对过去的懊悔，没有哪种心情比懊悔更让人难过。西方有句谚语：“不要为打翻的牛奶哭泣。”牛奶已打翻，哭泣有何用？我们应该告诉自己并给晚辈这种智慧的教育：不为过去哭泣，心中了无懊悔。时间稍纵即逝，每个人都应抓住现在，享受现在，让此刻变得快乐和有意义。现在的每一刻，都将成为最新的过去，所以，我们要有享受当下的睿智。

我们总有诸多担忧，为未来担忧，担忧养老的问题，担忧身体健康，担忧子女幸福，如此等等。我们从小被教育：人无远虑，必有近忧。但我认为，人生在世，大可不必庸人自扰，为未来毫无根据地忧虑和担心。我们要向动物学习。动物饱餐之后，悠然自得，根本不会为下顿饭在哪里而担忧。动物的自得和慵懒，给我们以启示。

快乐是我们健康的保证，是幸福的源泉。快乐有两个追求方向，一个是外求，一个是内求。外求的快乐，比如宴会之乐，与朋友、同事、同学的聚会之乐，这种快乐是短暂的，繁华褪去，易有落寞感。与此相反，内求是追求丰富的内在，也就是丰富的精神思想。一个人内在充足、丰富，不需要从自身之外寻找快乐，那么这个人就是幸运的人。无论经历什么事情，每个人最后都得返求于己。孔子就主张强化个人修为，被称为“内圣”，他也说过：“万物皆备于我矣。”

快乐的实现是很难的。就算我们在主观上知道应该保持快乐，可现实中，我们常常做不到。就像遇到不幸，朋友劝我们别难过，可我们还是忍不住心痛和泪流满面。同样，我们知道生活中要充满快乐，可现实仍将我们的快乐击碎。我们毕竟是生活在现实世界的个体，要拥有和保持快乐的心态，孔子的智慧是最好的借鉴。

孔子是现实的、入世的，他结婚生子，享受人伦之乐；他教书育人，弟子三千；他也求官并做官，实现富民强兵的理想；他也爱好钱财，取之有道……孔子求仁而得仁，是至圣，是我们的榜样。孔子主张仁者无忧、智者乐，所以，我们要想快乐，就必须借用学习之舟，到达仁者和智者的彼岸。

关于美，培根说：“论起美来，状貌之美胜于颜色之美，而适宜并优雅的动作之美又胜于状貌之美。”培根认为，最美的是优雅的行为之美。苏轼说“腹有诗书气自华”，一个人的气质和美是由内在文化决定的。如果仅有华丽的外表，只能吸引人一时，不能长久。由内向外散发的美，才是真正而持久的美。孔子说：“质胜文则野，文胜质则史。文质彬彬，然后君子。”只有文质彬彬的君子，才能留下永恒之美。古人说的“站如松、坐如钟、睡如弓”，就是行为规范。你看军人，站在那里，笔直挺拔，就有精、气、神。

美国文章《应牢记之事》中写道：“不要用力敲门，应该安静平稳地上下楼梯；永远不要在居家附近制造噪音。”这是对生活中的行为进行规范。“应有和善且温柔的礼仪，不要像咆哮的冬日暴风雪，而要像阳光明媚的夏日清晨。”“永远不要做任何让自己担心或羞愧的事情，你的父母都会知道。请记住，即便没人看到你的所作所为，上帝也会看到；即便是你最隐秘的思想，在上帝那里也无处藏身。”

孔子在《礼运》中说：“饮食男女，人之大欲存焉。”后来告子说：“食、色，性也。”为此，我在第二层次阐述人的财产和婚姻家庭关系。

财产是人生存和繁衍的必要条件，其在现实中往往被概括为钱。钱也就是货币，具有一般等价物的特征。人生存所必需的衣食住行和吃喝玩乐等，都需要用钱去支付，用钱去实现。所以，现实中，把钱等同于财富，非常重视金钱也就不足为怪了。如今，有一句非常流行的话：金钱不是万能的，但没有金钱是万万不能的。有人崇拜或迷信金钱，把追求金钱作为首要的人生目标，把道德和人性放在旁边，这肯定是错的。为此，我们要树立对待金钱和财富的正确态度。

孔子的金钱观，对我们具有借鉴意义。首先，重视金钱。孔子说：“富而可求也，虽执鞭之士，吾亦为之。如不可求，从吾所好。”如果富贵能够求得的话，即使是执鞭之类的差事，他也愿意去做。现在有些大学毕业生，对工作挑三拣四，不懂得只要有适合的薪水，就可以为之。其次，取得金钱的手段须是正道，即合法和合乎道德的手段。孔子说：“不义而富且贵，于我如浮云。”如果不是通过正当的手段，君子是不会享受富和贵的，那样的富和贵在他看来，如过眼浮云。这里体现了孔子的义利观和洒脱。最后，富人的为人应好礼而无骄。

> 子贡问：“贫而无谄，富而无骄，何如？”子曰：“可也，未若贫而乐，富而好礼者也。”

富而好礼且无骄才是富人应有的态度，贫而乐才是一种智慧。如果能够理解并学会这种财富观，就能正确地对待金钱。

叔本华说："财富比起任何别的东西都得到人们更多的和更真诚的尊重，甚至崇拜，这是毫不奇怪的。甚至权力本身也只是获得财富的工具。"因为金钱作为一般等价物，能够满足人的各种需要，具有绝对的好处，所以，人们热爱金钱是自然的，甚至是不可避免的。威克林说："人生是海，金钱是船夫。如无船夫，度世维艰。"卢梭说得很有哲理："我们手里的金钱是保持自由的一种工具；我们所追求的金钱，则是使自己当奴隶的一种工具。"当我们手里拥有足够的金钱时，我们才自由；可我们追求金钱时，却是不自由的奴隶。

财富并不是越多越好。超出个人和家庭必需的物质保障，其实是多余的。正如《好了歌》所言："终朝只恨聚无多，及到多时眼闭了。"美国钢铁大王卡内基曾言："一个人在巨富中死去是可耻的。"这种想法在美国被广为接受。比尔·盖茨和巴菲特把自己的大部分财产都捐出去，就体现了这种价值观。

拥有财富和享受财富是两个不同概念，一般情况下很容易混淆。从法律上讲，财产所有权有占有、使用、收益和处分四项权能，所有权可以与四项权能合而为一，也可以与四项权能相分离。古人说："良田万顷，日食三升；大厦千间，夜眠八尺。"这句话蕴含了非凡的财富智慧。当我们明白所有和享有的区别时，我们就会减少贪婪，当贪婪和欲求减少的时候，我们会更加理解和享受生活，我们的幸福感亦会倍增。

当我们明白人自身第一、金钱第二的时候，就不会为钱违法、犯罪，乃至送命。那我们怎样取得财富呢？儒家有言：君子爱财，取之有道。孔子讲子贡："赐不受命，而货殖焉，亿则屡中。”孔子的弟子子贡，做生意每次都能做对，屡屡猜中，故能累万金。司马迁也说：“七十子之徒，赐最为饶益。”子贡是成功的商人，是儒商的始祖。无论古今，无论是体力劳动还是脑力劳动，勤劳都是致富的前提。

列夫·托尔斯泰有句名言：“没有钱是悲哀的事，但是金钱过剩则倍加悲哀。”我们生存和发展需要钱，但钱并不是越多越好。当拥有基本的生活保障后，追求闲暇和幸福，将成为我们的智慧选择。

我们说：婚姻是人生大事。

怎样选择婚姻呢？在中国古代非常简单，“父母之命、媒妁之言”，甚至父母可以“指腹为婚”，在娘胎里，你未来的婚姻已被决定。儿女的婚姻由父母决定，父母决定婚姻的准则是“门当户对”。这就是古代的中国式婚姻。

现代人真正实现了恋爱和婚姻自由。那么，如何选择配偶呢？恩格斯讲过一句名言：“当事人双方的互相爱慕应当高于其他一切而成为婚姻的基础。”

我认为，最美好的婚姻应以爱情为基础，生儿育女、幸福美满、白头到老。这种婚姻中，虽然人老会色衰，但精神相吸引，爱情永不褪色。

婚姻是家庭的基础，家庭是社会的细胞。中国人历来重视家，家庭的稳定和谐是社会稳定的基石。古语云：“家和万事兴。”中国人孝敬老人，抚养和教育子女，在全世界都是突出的。家庭既是幸福的来源，也是义务和责任的保障。

中国有句古话：“家家有本难念的经。”青年男女一定要有思想准备，婚前可以天马行空、独来独往，婚后有了配偶和子女，有了家庭，就有了责任。我的建议是：思想上有准备，现实中有担当、不抱怨。婚姻中，“不抱怨”三个字是非常重要的。

婚姻是两个个性不同的主体结合在一起，双方的智力、经历、习惯、爱好、脾气等都不尽相同，组成家庭就要求同存异，所以婚姻生活离不开一个字——“忍”。

年轻人不要因为婚姻中有矛盾和冲突，就回避或恐婚。婚姻中还有很多美好的东西，像两个人的风雨同行、休戚与共，生活中的点点滴滴都是婚姻的华彩乐章。从婚姻到家庭，看到孩子呱呱坠地的自豪感，听到孩子叫第一声爸妈的幸福感，孩子亲吻的甜蜜，孩子的欢歌笑语……这些都使我们的生活充实和富有意义。人世间所有美好的东西，都伴随着辛苦，婚姻也不例外。

一个人生活在尘世，其名声、名誉、荣誉等会伴随终生，甚至流传后代。这是他人对我们的认识和评价，也是特定个体留在他人心目中的形象和样子。

中国人是很重视名声的，“名垂千古”“声名远扬”等词语，就是指好的名声永远流传。

我们常听到一种说法——“名誉比生命珍贵”，这话是很有误导性的。还有种说法叫“为名誉而战”，这也是本末倒置。在《三国演义》里，诸葛亮和司马懿两大军事家的斗智斗勇最为有趣。如果魏国不重用司马懿，怕是早被蜀国所灭。诸葛亮长途奔袭，力求速战速决。而司马懿深知这一点，因此运用了“坚壁据守，以逸待劳”的军事策略。诸葛亮派手下大将去阵前叫骂，没用，便派人给司马懿送去“巾帼妇人之饰”。司马懿的手下和儿子都不能忍受，纷纷要出城决战。司马懿为了平息部下的情绪，表面装怒，上表请战，魏明帝不许。司马懿可谓高人，既看透了诸葛亮的计谋，又平息了众怒，保存了将士的战斗热情。诸葛亮对此说道：“将在外，君命有所不受，苟能制吾，岂千里而请战邪！”司马懿是“不为名而战”的杰出代表。

对待别人的挑衅和侮辱，最好的办法是不理。人们应该通过提高修养和自我克制摒弃打斗的行为，回归到善良、正义和理性上来，尤其是血气方刚的年轻人，更要戒斗。

在生活中，我们要勇于做自己，尽量减少或不受别人的影响和干扰。我们应该尽量降低对待别人意见的敏感程度。只有我们内心挥之不去的痛苦，才是对我们最真实的伤害。

俄罗斯诺贝尔文学奖获得者索尔仁尼琴曾说：“除了知情权以外，人也应该拥有不知情权，后者的价值要大得多，它意味着高尚的灵魂不必被那些废话和空谈充斥。过度的信息对于一个过着充实生活的人来说，是一种不必要的负担。”当一个人过着充实幸福、自得其乐的生活时，废话、空谈及过度信息都是对其宁静美好的生活的打扰。我们作为普通人，无法达到无欲无念的超然状态，所以，索尔仁尼琴说人应该具有不知情权。当你跟一个人打交道时，总是感到不舒心、难受，请你远离这种人。保持心灵的宁静和幸福，才是我们生活的目的。

美国课文《最好的资本》中写到了约翰·布鲁克的故事：“你们会看到为什么人们尊敬他，为什么他宁愿做个好人，而不是富人、名人。他只是热情地、诚心诚意地尽自己的一切义务，这使他尽管贫穷、孤独、多年辛劳却仍充满耐心、勇气和幸福。”“简单、真诚的善良就是奠定这一生的最好资本。当名誉和金钱消失的时候，它依然存在，它是我们能够从这个世界带走的唯一财富。”

第六章

不可或缺的工作

CHAPTER 06

如果学习是工具和手段，那么工作就是任务和目的。只有认真地工作，你才能创造价值，为社会做出贡献。所以，工作是人生之重，也决定了你的人生轨迹和收入。好的工作和收入，是财务自由的前提，也是幸福的基础。

工作是如此重要。年轻人要有充分的心理准备，先假设你的工作以不顺为开端。这种假设有两个好处，第一，把你的事前想象拉回到现实中来，避免眼高手低，也避免巨大的心理落差；第二，事实上每个人的工作开端就充满了困难，无论你学习成绩优秀与否，在工作中，你都是菜鸟，很多东西你都不会，“万事开头难”，所以，你要经历这个蜕变的过程。

我大学毕业被分配到中级人民法院工作，最初也经历了一段从不适应到适应的过程。首先，自由度没有了。大学生活还是宽松和自由的，走向工作岗位之后，需要遵守严明的纪律，就像自由的鸟儿一下子被套上绳索。虽然知道工作就必须遵守工作纪律，但还是需要适应的。最关键的是，很多新东西都要从头学起，压力很大。比如，一开始进法院要做书记员，当时的书记员是笔录，需要手写。庭审笔录，要求把关键内容完整地记录下来，所以，字要写得又快又准，还得清晰。有个中专毕业的小王，字就写得又快又好，我们大学生较之也有差距，这时学历优势就荡然无存。为此，我买了董其昌的书帖练习，虽然写字水平进展神速，也成为法院的好字之一，但还是赶不上最好的小王。

法院布告是向社会公开的法院文书，为体现法律的严肃性，一个字都不能错，而校对布告就是书记员的活之一。我自认为是认真之人，每次校对布告时都很仔细，可仍有疏漏之处。被领导指出错误时，我无地自容，但也暗下决心要更加认真。这种习惯延续到了我开展律师业务的过程中。我的法律文书质量要高于一般律师很多，这是我在法院受到严格训练的结果。

从学生到工作人员，转变的跨度还是蛮大的。我认为，我们应该加强对学生在这方面的教育。首先，要打破幻想。所有光鲜亮丽都是表象，任何工作都有不为外人所知的另一面。其次，要有成熟的心理准备。在家，无论你是否成年，父母总是捧着你，对你关爱有加。在学校，老师呵护你，同学帮助你。但走上工作岗位就不同了，你的一言一行，你的为人处世，你的业务能力，都是同事和领导评价你的根据。所以，越早成熟起来，越对自己有利。

有些大学毕业生，因为工作不顺而待业在家，靠父母养活，这就是心理不成熟造成的。如果学历很高，学习能力很强，但心理不成熟，不能独立自主，不愿为社会做贡献，那父母的心血就都付诸东流了。

最后，单位对你的要求和期望是不同的。比如，你是博士，他们就会要求更高，如果你表现一般，他们就会失望。而学历与能力匹配是需要时间的，这就是新人入职要迈过的一个坎。

中国有句古话：“师傅领进门，修行靠个人。”无论你在哪一行，找一个业务精、人品好的师傅领你前行，都会起到事半功倍的效果。如果能够获得师傅的工作经验和心得，就会减少你的摸索时间，降低你走弯路的可能性。人品好的师傅，会领你走正道，可以做到“君子和而不同”。

在电影《当幸福来敲门》中，克里斯看到开法拉利跑车的光鲜亮丽的股票交易员，问他是如何做到的。股票交易员说：不是靠学历，而是要“精通数字，善于为人”。在此，我要说，所有的工作都要求“精通业务，善于为人”。精湛的业务和良好的人际关系，是你可以终身依仗的两把利剑。这两把利剑，是纵横职场的法宝。

有的人一生从事一种职业，有的人不停地换工作、换职业，哪一种更好呢？首先，你要了解自己的个性，适合自己的职业和工作就是最好的。我们不能生活在社会的一般价值观或别人的看法中，要按自己的个性和爱好去选择和从事职业。我有个律师朋友，收入高、形象好，是别人羡慕的对象，可他还是去党校做教员了。我问他为什么，他说，他喜欢当老师的清闲和优雅。

其次，我们要了解自己的能力，做自己力所能及的工作。能力和职业契合，就是成功；能力与职业错配，就是失败。《三国演义》中的马谡失街亭就是能力和职位不匹配的必然结果。街亭地位重要，孔明说：“街亭虽小，干系甚重；倘街亭有失，吾大军皆休矣。”马谡说：“某自幼熟读兵书，颇知兵法，岂一街亭不能守耶？”孔明有顾虑，马谡愿立军令状：“若有差失，乞斩全家。”孔明与马谡的对话，说明孔明知道街亭事关重大，怕马谡有失。马谡自视甚高，大言不惭，以全家性命立军令状。马谡和王平到了街亭，王平要“就此五路总口下寨”，马谡要“山上屯军”。马谡说：“兵法云：‘凭高视下，势如劈竹。’若魏兵到来，吾教他片甲不回！”王平说：“今观此山，乃绝地也；若魏兵断我汲水之道，军士不战自乱矣。”马谡说：

“汝莫乱道！孙子云：‘置之死地而后生。’……吾素读兵书，丞相诸事尚问于我，汝奈何相阻耶！”马谡不听王平谏言，山上屯兵，为街亭之败埋下伏笔。司马懿得知马谡守街亭，笑道：“徒有虚名，乃庸才耳！孔明用如此人物，如何不误事！”由此可见，马谡就是言过其实的理论派，不能担当重任。马谡做个参谋、参事是合适的，做一员大将，相差太远。所以，失街亭，既是因为马谡自不量力，也是孔明用人不当的结果。

最后，要看单位的风气和企业文化。如果一个单位风气正，有能力、人品好的工作人员就会被重用、提拔，那么你就可以长期干下去。当你确信单位风气不正，甚至在走违法犯罪之路时，无论薪资多高，都要坚决果断地离开该单位。“人间正道是沧桑”，无论多不容易，都要走正确的道路，光明正大地工作赚钱。

工作不顺，受些委屈和磨难，当时是很难受和痛苦，但事后看，你会发现那是一生真正的财富。若干年后，你会感谢那些帮助过你的人，也会感谢那些欺负过你的人。所以，我常给我的孩子讲，人生吃点儿苦、受点儿罪不是坏事，所有的经历，都是你的财富。

一生只做一件事，而这件事恰好既符合自己的个性，又是自己擅长的，这种人是最幸运的人，他们的成就也最大。美国的投资大师巴菲特是非常幸运的，也是全世界顶尖的富翁。巴菲特 11 岁的时候踏入股海，购买了平生第一只股票。时至今日，巴菲特仍然执掌着他的庞大投资集团。在 2018 年股东大会上，巴菲特说：“在我投资的过程中，我们乘借了美国发展不可阻挡的大势，想失败都难，除非你买错了股票，或者在不该兴奋的时候头脑发热。你用不着懂会计、用不着懂股市术语、用不着理会美联储加息几次，在一生的投资中，这些东西都不重要，最最重要的是建立并坚持自己的投资哲学。”这就是巴菲特，他建立了自己的投资哲学，取得了辉煌的成就，被称为“股神”。巴菲特一生只做股票投资这一件事，他爱股票投资，在此行业一干就是一生，成就惊人。

现在常见一种争论——年轻人究竟是选择在北上广深几个一线城市工作和生活，还是去二三线城市工作和生活？我个人有三线城市、二线城市和一线城市的工作经验，我谈谈自己的看法。首先，我们都知道“深水才能养大鱼”，水有多深，鱼才有多大的生存空间。深海中最大的蓝鲸长达 33 米，重达 180 吨，是不折不扣的庞然大物。长江中最大的中华鲟，最长可达 5 米，重逾千斤。而一般河流中的鱼，也就几斤重。所以说，水深才能养大鱼。北上广深作为一线城市，能给你足够的发展空间，可比作深水，就业和发展的空间还是很大的。但是，正因为机会多，一线城市聚集了大量的优秀人才，竞争是非常残酷的，生存压力也会比较大。近些年，互联网技术飞速发展，催生了很多新的产业，二三线城市也成为新业务、新业态的发展基地，对于年轻人来说也是一个很好的就业选择。

中国有句老话：是金子在哪里都会发光。还有，年轻就是资本，你具有试错的资本，当你蓦然回首时，仍然可以选择再次出发。

第七章

智商与情商

CHAPTER 07

智商是用以表示一个人相对智力水平的数值。不同国家的智力量表不同，这种表格测验，只有相对的参考价值，没有实际意义。因为有人把全世界的智商测试题全部搜集并掌握答案之后，智商测试结果可高达150。智商测试并不能反映一个人的智力，认识能力及解决实际问题的能力更为重要。

有种观点认为：智力是遗传基因决定的，后天无法改变。《辞海》对智力的表述为："智力是先天素质、社会历史遗产和教育的影响及个人努力三方面因素相互作用的产物。"《不列颠百科全书》对智力的表述为："智力，一种心理品质，它体现了一个人通过经验进行学习的能力，对新环境的适应能力，理解和运用抽象概念的能力和运用已学到的知识改造他所处环境的能力。智力理论的流派虽多，但一致的观点认为：智力是一种具有生物学物质基础的心理潜能，而不是一种熟练掌握的技能。智力是被个人的经验和学习（源于生活）塑造过的中枢神经系统（源于遗传）的功能活动，是一个先天遗传和后天学习的混合物。"

孔子作为圣人和一代先师，智力超群。子曰："我非生而知之者，好古，敏以求之者也。"孔子讲自己是"敏以求"得来的知识和智慧。所以，我个人认为《不列颠百科全书》对智力的解释比较科学——智力是先天遗传和后天学习的混合物。我们明白决定智力的因素中，后天学习非常重要，因为先天遗传不以我们自己的主观意志为转移，这个因素已成定量，而学习是唯一的变量，所以，提升我们的智力，只能靠学习这个变量。当我们理解这个道理的时候，就会以此进行自我激励。同时，这也是长辈教育晚辈注重学习的理论依据，十分有说服力。

当我们明白学习对智力的决定作用后，我们要多鼓励孩子，让孩子对自己充满自信，热爱学习。

我们现代人总是自以为是，其实，古人的智商并不低。埃及的胡夫金字塔被称为建筑奇迹。它建于公元前2580年左右，至今已4500多年，原高146.5米，在公元519年永宁寺塔建成之前，一直是世界上最高的建筑物。其底座每边原长230米，塔身约由230万块石头砌成，每块石头平均重2.5吨，最大的超过15吨。除了以其规模巨大而令人惊叹之外，胡夫金字塔还以其高超的建筑技巧而闻名。塔身的石块之间没有任何水泥之类的黏着物，而是一块石头叠在另一块石头上，虽历经几千年，但刀刃仍很难插入石块之间的缝隙。再加上金字塔与天文、数学之间的巧合，更为其增添了许多神秘色彩。有科学家推测金字塔为外星人所建，因为4500多年前的人类不具备建造金字塔的能力。如果金字塔仅此一座，我也相信其是外星人所建，但现在尼罗河下游散布着约80座金字塔遗迹。既然金字塔为数众多，且大小不一，那么我个人认为金字塔就是古代文明的结晶，这说明先人的智商并不比现代人的智商低。

我国的万里长城也是世界的建筑奇迹之一。我国从西周就开始修长城，历经几代，始有万里长城之称。长城最早是军事防御工程，是中华民族大一统的象征，是意志、勇气和力量的标志。不过现在长城的美学魅力日益呈现。在古代那样的技术条件下，能有这样的建筑，不得不佩服古人的智慧。

老子说："大智若愚。"真正有大智慧的人，看上去有些呆愚，其实不然。大智者，志在长远，不争一时之长短；大智者，心静如水，不随波逐流；大智者，目标坚定，终成大器。我们一路走来，无论是在小学、中学、大学，还是在工作单位，身边总有智商超越我们的人，但他们中的很多人未必成功，因为光有智商是不够的。

韩国的李昌镐天性沉默，不善言辞，看上去有些呆愚，却是围棋高手。李昌镐 8 岁的时候开始跟祖父学棋，虽不算早，但他进步神速，仅半年时间祖父就不是他的对手了。1990 年，年仅 14 岁的李昌镐在韩国各大棋赛中连胜 41 局，同年战胜日本超一流棋手武宫正树，16 岁夺得世界围棋锦标赛的冠军。李昌镐的弟弟说他在记者面前会脸红，回答问题也很迟钝、很慢。人们围着他要签名的时候，他会紧张、出汗，有时甚至会躲到厕所去。一代围棋大师吴清源在评价曹薰铉和李昌镐师徒时说："曹薰铉是最有才能的棋手，他和我是同一位老师教出来的。……而李昌镐的成功，就是靠他的超常的用功，他除了下棋没有别的事情。"李昌镐素有"石佛"的称号，用以形容他在下棋时心平气和、面无表情。这就是对大智若愚的最好诠释。

智力高低并不能决定一个人的社会成就，无数事实证明，用智商预测人生是靠不住的，尤其是走出学校、步入社会以后，更是前途难测。如何将智力转化为实际的社会成就，还是一个尚待解决的问题。社会成就是一个人综合素质的体现，甚至还有运气的成分，而智商仅仅是对个人智力的一个判断。社会成就，或者说一个人的成功，是智商、情商、财商、逆商的综合得分。因此我的结论是：智商高不等于成功，但智商高有助于一个人成功。所以我们要教育下一代：就算天资聪明，也仍要加倍努力。

情商是指情绪商数，主要指自我情绪的管控能力，以及理解他人、和他人相处的能力。有人说，一个人的成功20%靠智商，80%靠情商。美国哈佛大学有教授表示："情商是决定人生成功与否的关键。"我个人认为，情商非常重要，其与智商相互影响，且建立在智商的基础之上。所以，情商与智商对成功而言都很重要，但我并不赞成所谓的各占多少比例，或者情商的作用更大的说法。

情商包含五个主要方面：

第一，了解自我：注意并察觉自己的情绪变化，观察和审视自己的内心世界。

第二，自我管理：调控自己的情绪，适度表达出来。

第三，自我激励：能够根据某种目标，调动和指挥情绪的能力。

第四，识别他人的情绪：能够通过他人的言行举止等，识别他人的情绪。

第五，处理人际关系：调控自己与他人情绪的技巧。

我个人认为，情商主要表现为两个方面：一是对自我情绪的认识、管控和引导能力；二是为人处事的能力，就是善于处理与他人的关系。这两个方面表现为对内和对外。

情绪平静的时候体现不了情商的作用；在喜、怒、哀、乐的极端情绪中，更能体现情商的作用。喜，本来是有益于我们身心健康的好事，“人逢喜事精神爽”“笑一笑，十年少”，都是喜和乐对我们身心健康的好处。唐代诗人孟郊四十六岁那年考上进士，得意和快乐之情跃然笔下，写出了“春风得意马蹄疾，一日看尽长安花”的名句。但喜也会生悲，清代小说家吴敬梓在《范进中举》中有段精彩的描写：

> 范进三两步走进屋里来，见中间报帖已经升挂起来，上写道：“捷报贵府老爷范讳高中广东乡试第七名亚元，京报连登黄甲。”范进不看便罢，看了一遍，又念一遍，自己把两手拍了一下，笑了一声，道：“噫！好了！我中了！”说着，往后一跤跌倒，牙关咬紧，不省人事。老太太慌了，忙将几口开水灌了过来。他爬将起来，又拍着手大笑道：“噫！好！我中了！”笑着，不由分说，就往门外飞跑，把报录人和邻居都吓了一跳。……众人大眼望小眼，一齐道：“原来新贵人欢喜疯了。”

范进中举，喜极而疯。从古至今，喜事、乐事都是好事，但要正确对待，切勿“爽”过了头，造成悲剧。

发怒和生气会对我们的身心造成很大的伤害，长期生闷气还容易患上抑郁症。我们要想完全做到不生气、不发怒，几乎是不可能的。因为个人集感性和理性于一身，理论上没人做得到。不过如果想在工作和生活中尽量做到不生气或少生气，我认为，可以用下列方法修炼：

第一，提高认识，开阔胸怀。我们应该在思想上高度认识到生气、发怒这些负面情绪是不好的，每当遇到不开心的事情，在主观上反复提醒自己：我不生气。经常有意识地进行不生气训练，会对抵抗负面情绪大有裨益。另外，我们要多读书、多思考，才能开阔胸怀。安徽桐城市城内有条“六尺巷”。相传当年文华殿大学士兼礼部尚书张英的邻居建房，因院墙与张家发生争执，张英家人十分生气，给张英写家书，希望他出面争口气。张英看完家书淡淡一笑，回复：“千里家书只为墙，让人三尺又何妨？万里长城今犹在，不见当年秦始皇。”家人看后自觉羞愧，便退让三尺，邻家见张家如此豁达，也退让三尺，遂成“六尺巷”。张英的眼界和境界之高，化解了争执。

第二，巧妙化解，不以为然。哲学家苏格拉底因为经常与人辩论而常常受到别人的粗鲁对待，但他却不以为然。有一次，有人问他：“那个人不是在羞辱你吗？”他回答说：“不，因为他说的可不是我。”这就是苏格拉底的智慧，巧妙略过，不以为然。对待别人的侮辱，一个智者用不着理会。苏格拉底没有生气，没有发怒，没有原谅，也没有报复，就像一切都没有发生一样，这才是智慧。

在好脾气的修炼过程中，应该从以“自我”为中心，到“小我”，再到“无我”。坏脾气的人多以自我为中心，要求亲朋好友或周围的人顺其思、其行，不能逆其思、其行。坏脾气的典型就是唯我独尊、自我膨胀。

我们要从以“自我”为中心，慢慢向“小我”过渡。当我们在人际关系中，除了考虑自己，还要尊重并考虑到别人，进而多考虑别人的诉求和利益，少考虑自己的利益和得失，脾气自然会变好，人也会变得平静、善良、温和。

好脾气的人所能感受到的幸福感，是坏脾气的人所无法感受到的。当我们改变坏脾气时，我们便拥有更端庄的气质。美，环绕好脾气的你。

悲哀的情绪，也是我们生活中不可避免的，很多人或事都能引起我们的哀愁。小时候，我们心爱的玩具损毁或丢失，会令我们伤感；长大了，亲朋好友的离世，会令我们悲伤。

就我个人而言，最疼我的奶奶去世时，我痛苦不堪，常常夜里哭醒，泪流满面。亲人的离世，让我内心崩溃，感觉自己失去了很大的依靠。甚至有段时间，别人谈论自己的奶奶或外婆，我都不忍听下去。来自灵魂深处的哀伤太难消失。后来，我读安徒生童话《卖火柴的小女孩》，每当读到下面这段，都忍不住热泪盈眶：

> 她在墙上又擦着了一根火柴。这一回，火柴把周围全照亮了。奶奶出现在亮光里，是那么温和，那么慈爱。
>
> “奶奶！”小女孩儿叫起来，“啊！请把我带走吧！我知道，火柴一灭，您就会不见的，像那暖和的火炉，喷香的烤鹅，美丽的圣诞树一样，就会不见的！”
>
> 她赶紧擦着了一大把火柴，要把奶奶留住。一大把火柴发出强烈的光，照得跟白天一样明亮。奶奶从来没有像现在这样高大，这样美丽。奶奶把小女孩儿抱起来，搂在怀里。她俩在光明和快乐中飞走了，越飞越高，飞到那没有寒冷，没有饥饿，也没有痛苦的地方去了。
>
> 第二天清晨，这个小女孩儿坐在墙角里，两腮通红，嘴上带着微笑。她死了，在旧年的大年夜冻死了。新年的太阳升起来了，照在她小小的尸体上。小女孩儿坐在那儿，手里还捏着一把烧过了的火柴梗。

因为亲人离世的哀伤，我们宁愿相信天堂的存在，希望在那里仍能与亲爱的人生活在一起，无忧无虑，充满幸福。我们无论多大年岁，仍可以相信童话的存在。童话可以帮我们疗伤，时间可以帮我们抹平哀伤，此外别无他法。

为什么奶奶的去世，让我一痛十多年？我想除了祖孙情深外，还有就是我个人缺少这方面的情商教育。我们即使到大学，也没有如何对待亲人去世和化解哀伤的课程教育，我们的长辈也忌讳和回避死亡的话题，所以，在此方面，既无理论教育，又不可能常有亲身实践。因此，每一个人第一次遇到这个问题的时候，都会痛不欲生。我认为，长辈可以对晚辈婉转地进行这方面的教育，让晚辈在长辈去世后，能够减轻悲伤、哀痛，也尽早地从悲痛中走出来。

总之，人的情商，对内而言，就是要管控好自己的情绪，尤其是遇到喜、怒、哀、乐等极端情绪时，更应当理性对待。孔子说："知者不惑，仁者不忧，勇者不惧。"我们在学习和工作中，更要修炼自己，让自己向智者、仁者、勇者靠拢，当我们真的拥有智慧和仁爱，也就拥有快乐、远离忧愁。

情商对外表现为识别他人情绪的能力，以及处理人际关系的能力。而识别他人情绪的能力是前提。

识别他人情绪的能力，与个体的敏感程度有关，如果你是个敏感、细致的人，会更容易觉察出别人的情绪变化。我在法院做法官讲师的时候发现，喜欢你的学员会盯着你看或扬起他的眉毛，那些不喜欢你的学员会轻微地斜视，那是一种一旦觉察就忘不掉的眼神。当你讲课到精彩处时，全班学员议论纷纷，似乎课堂纪律不好，但其实那是对你讲课的赞许。如果你讲课时很寂静，但学员东倒西歪，昏昏欲睡，你就可以下课了。做老师后才知道，学员的一举一动在你眼里都清清楚楚。

识别他人情绪可以通过身体语言。身体语言包括脸部的表情，特别是眼神，所以人们常说人的眼睛会说话。嘴角和眉头也能表现出个人的情绪，一个眉头紧锁的人，要么是有心事，要么是对你不耐烦，你要有所察觉。嘴也能为我们提供很多有价值的信息。比如，笑可以分为真笑和假笑。真笑时，嘴角会上扬，眼睛的外部边缘会皱起，这种笑容显得温暖和快乐。礼貌式的笑容，嘴角会向两边延伸，向两侧拉开，而不是像真笑那样上扬。

考虑到面部表情可以表演，我们还要学会观察其他部位的身体语言。当我们正面展示身躯给他人时，表明我们喜欢此人。比如，孩子跑向我们的怀抱时，我们会展开双臂欢迎；在宴会上，当我们不喜欢的人走近时，我们马上会下意识地微微转动身体。我们的躯干跟人保持的距离，以及身躯的俯仰也体现了情绪。我们经常注意一个人的面部表情，而忽略了腿和脚。快乐脚是指高兴时双腿和双脚一起摆动或颤动。还有转向脚，你要观察他人脚转动的方向。当我们听到下课铃声，准备离开教室时，总是下意识地把脚转向通道或出口的方向，随时准备离开。同样，当人们移动自己的双脚和躯干来欢迎你，那是真心实意的；如果他们没有移动双脚，只是转个身说了声“你好”，那就表示他们不愿意你加入。当谈话不愉快时，我们的脚会转移方向，而且一般会转向最近的出口。因此，当你看到对方的脚在转向时，你要敏感地觉察到谈话该结束了。如果一个人双脚交叉站立，这就反映出其在社交时的舒适感。当一个人的双脚有“起跑姿势”时，表示这个人想离开。当一个人的双脚从并在一起到叉开，基本上可以肯定这个人越来越不高兴了。

当我们从他人的言谈举止中，知道他人想说什么，想做什么，我们就能在之后的相处过程中达到和谐，就能处理好各种人际关系，做一个高情商的人。

想处理好人际关系，首先要讲究诚信。诚实信用为民法的一个基本原则，同样也是生活中的道德规范。你是一个诚信的人，就等于给别人留下可以信赖的标志，这是做人的根本，也是处理好人际关系的前提。

关于诚信的大道理，我就不讲了，这里讲讲守时的问题。“迟到”在人际交往中，是很坏的行为习惯。国家前途、重大事件、个人命运乃至生活本身，都可能因为某个人的“迟到”而被耽误。有些人，不管他们做什么，失败总是与之形影不离，就是因为他总是“走在时间的后面”。守时、不迟到，是我们生活中诚信的体现，希望年轻人无论在学习还是工作中，都养成守时的好习惯。

处理人际关系的黄金法则，是孔子说的“己所不欲，勿施于人”。这就要求我们能设身处地为他人着想，具有同理心。当你说话和做事都能站在别人的角度考虑的时候，你就是一个让别人感觉舒服的人，就是一个情商高、有修养的人。

平等相处也是处理好人际关系的一个原则。平等，就意味着没有人身依附关系。君子之交淡如水，恬淡的人际关系才能更有趣、更持久。人际关系也要把握一个度，太亲近了，容易不恭，侵犯别人的空间和隐私权；太远了，容易不逊，失去亲密友情。就如刺猬抱团取暖，太近了，刺会伤害对方；太远了，又不能取暖，保持恰到好处的距离，是处理人际关系的技巧。

我们所说的情商高，还包括识人能力。因为有识人能力，才能远离无德之人。因为识人，我们才能结识品德高尚、才华横溢的君子，“无友不如己者”，这样，我们才能从朋友身上学到有益的智慧。

第八章

易被忽视的逆商

CHAPTER 08

逆商，全称逆境商数，指人们面对逆境的反应方式，即面对挫折、困难的承受能力及摆脱和超越困难的能力。在如今这个科技日新月异的时代，快节奏的工作和生活，日益加大的竞争压力，让人们遇到了更多的挫折和困难。所以，逆商在成功道路上的作用越来越大，逐步被教育者和社会所关注。

中国古代就不乏高逆商的人和相应的教育典范。

孔子是圣人，也是逆商特别高的智者。孔子三岁时，父亲叔梁纥去世，孔子与母亲颜徵在共同生活，孤儿寡母，生活的艰辛不言而喻。孔子十七岁的时候，孔母去世，就剩下孤零零的孔子。在如此逆境中，孔子一生“学而不厌、诲人不倦”，终成儒学的开山鼻祖，中国第一圣人。孔子也传授给我们面对逆境的方法：“不怨天，不尤人。”孔子的一生，给我们中华民族树立了逆境成功的光辉典范。

孟子的“大任说”是逆境最好的宣言，也是初中教科书要求我们必背的经典。

> 孟子曰：“故天将降大任于斯人也，必先苦其心志，劳其筋骨，饿其体肤，空乏其身，行拂乱其所为，所以动心忍性，曾益其所不能。”

当我们遇到逆境时，做到不怨天、不尤人，能进一步认识到逆境有助于改善我们的不足，就能跳出逆境的小圈子、小范围，视逆境为赐福。

老子说："祸兮，福之所倚；福兮，祸之所伏。"祸与福并不是绝对的，它们可以互相转化。我们遇到的一切灾祸或逆境，在当时的时点去看，都是一道坎儿，都能引起你的情绪波动，但如果把视线放远点儿、把时间拉长点儿，彼时的逆境就会变成整个人生的财富。所以，站得更高，看得更远，就是逆商高的表现。

我们每个人的思想和情绪，都有乐观的一面，也都有悲观的一面。当我们身处顺境时，伴随着鲜花和掌声，乐观情绪主宰着我们。反之，当我们身处逆境时，除了自身的悲观情绪之外，还有来自他人的评判、指责或影响。这时，我们自身已然很脆弱，别人的冷嘲热讽，哪怕一个轻视的眼神，都能成为压倒骆驼的最后一根稻草。所以，我们需要学会自我调节，要始终心怀希望，正如一句电影台词："希望是个美好的东西，也许是最美好的东西，美好的东西是不会消逝的。"有希望就有未来。

逆境中，我们可能失去权力、金钱、荣誉、名声等，这些东西看似重要，其实都是身外之物，智慧才是一个人真正的财富。人的一生，赤条条地来，又化作一缕青烟而去，真正能留下的就是智慧和精神财富。俄罗斯有位作家说："苦难有多深，人类的荣耀就有多高远。"没有苦难，就不会有卓越的思想和成就。贝多芬是世界公认的最伟大的音乐家之一，却一生孤独、穷困，特别是作为音乐家，26岁失聪，这对他而言是何等痛苦！但也正是因为经历了如此多的苦难，贝多芬才能写出震撼心灵、催人泪下的《命运交响曲》。中国的四大名著之一《红楼梦》的文学、艺术价值极高，而作者曹雪芹本人则经历了由富而贫、由盛而衰的逆境经历。从富贵人家，到一贫如洗，曹雪芹经历了人生的大逆境，也深感世态炎凉，最终创作出集思想性、艺术性为一体的伟大作品《红楼梦》。

我们身处逆境，有时是出于客观原因，有时是我们的主观原因。对于客观原因，我们要不抱怨；对于主观原因，我们要不后悔。后悔对身处逆境的人更具杀伤力。有的人从巨富到归零，是由于投资失误，或者加杠杆造成的失误，这时最容易后悔。帮助我们以镇定自若的态度接受逆境的方法，莫过于确信这一真理："已经发生的所有大大小小的事情，都是必然发生的。"认识到已经发生的事情是必然发生的这一真理之后，心灵就会感觉受到抚慰。对必然性的认知是治愈后悔的良药。

我们身处逆境时，往往容易过分悲伤，这是不应该的。一切事情都是变化的，逆境也会改变。同时，我们对何为有利、何为不利的判断，有时是短视的，有时会误判。试想，曹雪芹如果不被抄家，不是穷困潦倒，他是体会不到世态炎凉、人情冷暖的，没有这种悲怆的感情提升，他不过就是一个富家浪荡子弟，写不出《红楼梦》。叔本华说："人生没有匮乏、艰难、挫折和厌倦，人们的大胆和傲慢就会上升，就算它不会达到爆炸的程度，也会驱使人们做出无法无天的蠢事，甚至咆哮、发狂。"逆境和挫折，能平衡我们的心智，避免狂妄之心。当我们以平常心看待顺境、逆境，以智慧心看待顺流、逆流，我们就能做到"宠辱不惊，闲看庭前花开花谢；去留无意，漫随天外云卷云舒"。

在电影《当幸福来敲门》中，克里斯和他的儿子流落到救济院的时候，牧师说："我们知道我们生活中的大山是什么，我们用歌声面对它。"那词曲我铭记于心：

上帝，别让险峻离开

赐予吾翻越攀登之力

请别挪开吾足下的绊脚石
指引吾前进的方向
重担虽负于肩
痛苦难以忍受
吾不会也不曾放弃
只因吾等之间的承诺
那日两人在祭坛相遇
上帝，别让险峻离开
请别让险峻离开

第九章

成功之路

CHAPTER 09

何为成功？《韦伯斯特词典》把成功定义为“财富、喜悦或荣耀的获得”。《现代汉语词典》定义为：“获得预期的结果。”

99% 的成功案例是关于这一类人：有坚定的奋斗目标和方向，付诸行动去努力追求，持之以恒且遇到挫折时不言放弃。

成功可以归纳为理想、行动和坚持。

在成功要素的排序中，前四位依次是决心、勇气、坚持和耐心，资质只能排在第五位。成功人士都是兢兢业业、埋头苦干的人。所谓的天才，几乎都是多年辛勤努力的结果，看起来毫不费力的优雅行为和卓越表现，都是多年训练、重复和忍受痛苦的结果。成功与先天的能力关系不大，更为关键的因素是环境、勤奋工作、始终坚持，甚至好的时机。成功与日复一日、年复一年的练习、重复和不断进步的愿望之间关系重大。国外有人提出“天赋无用论”，这个观点我很赞同。当你知道天赋无用的时候，你就会加倍努力并持之以恒，成功就会向你招手。反之，自以为天资聪明的人，容易聪明反被聪明误。爱因斯坦说：“成功等于艰苦的劳动加正确的方法加少说空话。”沃伦·巴菲特说：“如果你的智商高达 160，卖给别人 30 点吧，因为在投资上你不需要那么聪明。”作为股神的巴菲特，认为成功靠坚持价值投资，而不是自以为天资聪明，反复操作股票。买入优质的股票，并长期持有，不需要你太聪明。老子说“大智若愚”，就是要木讷一些，看上去笨一些，但志在长远，而非夸夸其谈显示小聪明。

我们一定要为实现自己的目标，付出全部努力。如果你不全力以赴，你就不知道你能走多远。而且，顶尖人才往往比其他人都加倍努力。没有人能随随便便成功，成功的背后都洒满了泪水和汗水。

我们相信，99% 的成功属于那些鼓足勇气、不惜一切去追求梦想的人。成功人士都明白他们真正想要的东西是什么，也就是他们的激情所在。他们破釜沉舟，有着必胜的信心，也有着“壮士一去兮不复还”的豪迈。而怀着可做可不做的心态或是权衡利弊、瞻前顾后的怀疑心态的人，是不可能迈出关键的一步，走向成功的。拿破仑说过：“我成功，因为志在成功，未尝踌躇。”

成功，是有了目标和理想后，全身心地投入。劳伦斯说：“成功的秘诀，是养成迅速去做的习惯，要趁着潮水涨得最高的一刹那，非但没有阻力，而且能帮助你迅速地成功。”想到就做，既避免了犹豫不决丧失机会，又避免了一生停留在空想的遗憾。做了不一定能成功，但不做永远不会成功。我们全力以赴去追寻自己的梦想，哪怕失败了，也了却了心中的遗憾，这又何尝不是一种所得呢？

要想成功，就要坚持不懈。成功的道路上，艰难困苦和挫折是必不可少的。所以，在争取成功之前，要对困难和挫折有充分的估计和判断。生活是艰难的，只要我们了解和接受这一点，坚持下去便不再艰难了。在一个领域坚持的时间越长，洞察力就越强，越熟能生巧，越能抓住机遇，越能消除倦怠情绪。所以，要想成功，你就必须坚持到底、永不放弃。巴甫洛娃说：“不停顿地走向一个目标，这就是成功的秘诀。”

坚持不懈的意志又称毅力。绝大多数人实现其理想的原因是他们有胆识和勇气采取行动去追求梦想，并在挫折面前百折不挠。

中国儒教的创始人孔子有坚强而持久的意志，终身学习，终成智者和圣人。孔子学说的“仁”是核心，怎样才能做到仁呢？孔子说：“刚、毅、木、讷近仁。”孔子在此很强调毅力。颜渊问仁，孔子说：“克己复礼为仁。”克己就是克制自己的欲望，向着仁的目标和理想奋进。用现在的话说，就是自律。毅力，就体现在自律能力上。孔子在学习中，“发愤忘食，乐以忘忧，不知老之将至”。他从十五岁有志于学，到白发苍苍还孜孜学习，孔子的毅力成就其伟大。

唐代高僧玄奘也具有坚强毅力。当时由于翻译水平不一，各派在佛法理解上有分歧，玄奘为了取得真经，于贞观元年一人西行，历经艰辛到达印度佛教中心那烂陀寺取经。玄奘在印度苦苦钻研佛法，终成大师，于贞观十八年带回佛舍利 150 粒、佛像 7 尊、经论 657 部。试想，当时野兽时常出没，没有像样的道路，交通工具和设备都极其简陋，途中要经过几十个国家，语言不通，衣食住行都是极其艰难的。直白地说，他是搏命去取经。没有坚强的毅力和信仰，玄奘是不可能完成取经任务的。

我认为，毅力与以下几个方面密切关联。

毅力，与追求理想和目标的强烈和迫切程度成正比。一个人必须有炽热的渴望，才能获得成功。所以，义无反顾、破釜沉舟、置之死地而后生，成为毅力强大的标签。我们看到很多成功的案例中，成功者之所以成功，是因为他必须成功，他成功，才能生存；而另一些在体力、智力和社会资源上更有优势的人没有成功，是因为他们可有可无的心态。这是毅力不强的表现，也是成功路上的绊脚石。

毅力，体现为自律能力。美国前总统罗斯福说："把一个人与他人区别开来的品质之一——也即使一个人实现理想，而使另外一些人陷入平庸泥潭的关键——不是天赋，不是教育背景，也不是智商。它是一种自律能力。有了这种能力，就没有什么事情是不可能的。没有它，即使是最简单的目标，看上去也可能像白日做梦。"

早在 1960 年，斯坦福大学的心理学家沃尔特·米歇尔教授做了个实验。他邀请了 600 多名 4 岁到 6 岁的儿童，为他们提供了棉花糖、饼干之类的奖品，孩子们可以选择现在立即享用，也可以选择等一会儿再吃，如果他们选择后者，便可以得到双倍奖品。二十年后，米歇尔教授对当年接受测试的部分孩子进行追踪研究，发现他们幼年时的自律能力与长大后的学业水平有很大关系，自律能力好的人各方面表现往往也更好。

但要注意，自律不是自我剥夺。自律的意义是：为了明天生活得更美好，而在今天有所不为。

逆境和苦难就像成功道路上必不可少的"通过仪式"，通往成功的道路往往是孤独的，你必须下定决心，朝着你的人生目标不断努力。你所经历的苦难多少与成功大小成正比。苦难有多深，成就就有多大。

英国的 J.K. 罗琳，创作了《哈利·波特》系列丛书。而罗琳也经历了人生的挫折和坎坷。她离婚后，独自带着孩子，靠领取微薄的资助金过活，还一度患上了忧郁症。她在火车上有了《哈利·波特》的创意，并利用自己能够找到的片刻安宁的时间和空间进行写作，由于家里条件太差，她常常到家附近的一间咖啡屋里写作。成书后又被拒绝 11 次，才由一个小出版商出版。罗琳天才般的想象力，使《哈利·波特》迅速畅销全球。罗琳也跻身作家富豪榜前列，被称为“哈利·波特之母”。

在通往成功的路上，还有一些需要我们注意的事项。

二十年前的一个暑期，我闲来无事，参加了钓鱼活动。

说起这支钓鱼小分队，组成人员很有意思。我入队的介绍人是我的岳父。我岳父离休后，闲来无事，就迷上了钓鱼。通过钓鱼，又认识了几个有相同爱好的离退休人员，五六个人就此组成了钓鱼小分队。每次行动，都是事先电话磋商、约定钓鱼的时间和地点，凌晨大家集合后，骑摩托车直奔目的地。

可能是老人所需睡眠较少，所以，他们天不亮就起床，这对我这个喜欢睡懒觉的年轻人而言很难受。由于垂钓的地点均选择郊外很远的野河，上不着村，下不着店，所以，我们都是自带午餐。午餐很简单，就是馒头加咸菜，喝点儿白开水。这样垂钓一天，傍晚再收拾钓具和劳动成果返回。老人们回家后，要先给钓到的鱼称重，各自报上鱼的斤两，暗自排榜单。这就是钓鱼小分队的队员这么积极的原因——爱好加上竞争，成为乐趣之所在。

我开始是抱着好奇和新鲜感参加的。

第一天，我开始只钓到几条小鱼。近中午时分，一下子钓到一条大鱼，我赶紧拎起鱼竿，鱼儿离开了水面，拼命挣扎、扭动，我看到这么大一条鱼，忍不住大喊：“我钓到一条大鱼！”由于显摆和停顿耽误了直接把鱼甩上岸的时间，鱼脱钩了，掉在河床的斜坡上。我赶紧放下手中的鱼竿，用手去捕。由于河床坡度较陡，加上刚出水的鱼儿力量大，只见鱼儿快速翻滚向下，我眼看着这条大鱼滚入河中，哧溜一下就不见了。我则长时间蹲在水边，怅然若失。

如果你一直没钓到鱼，就只是失落，没有痛苦；如果你钓到大鱼，兴奋和快乐会一直环绕着你；但如果你钓到大鱼，鱼又跑了，剩下的就是隐隐的痛苦。得而复失的感觉，就是如此。

人生中的机会若没有抓住，让它溜走了，就会留下遗憾，遗憾又转化为懊悔，懊悔则成为长久折磨人的心病。这就是我在钓到又失掉一条大鱼之后最真实的体会。

后来我又读到美国一少年随叔叔去钓梭鱼的故事。

少年高兴地随叔叔去钓鱼，等了好一会儿，少年看到有东西拽住了鱼线，并扯着它往水里潜去。他猛拉鱼线，看到一条肥硕的梭鱼在阳光下扭动着身子。“叔叔！”他扭头激动地看着叔叔说：“我钓到一条大鱼！”“还没有哩。”叔叔的话音未落，只见一道箭矢般的银光划过，这条惊慌的大鱼笔直跃入水中。少年手上的那根钓竿上连鱼钩都不见了。

少年沉湎于痛苦难以自拔，任由情绪操控，一屁股瘫坐在草丛里。

叔叔重新为他装上鱼钩，挂好鱼饵，对他说：“孩子，请记住，在鱼儿躺在干燥的地面之前，都别吹嘘你钓到了鱼。”

从此以后，少年无数次想起那条没钓到的鱼。每当看到人们吹嘘自己遥遥无期的奋斗目标，幻想着唾手可得的成功的时候，河边钓鱼的场景就会浮现。叔叔睿智地指点了他的人生：“在鱼到手之前，绝不要吹嘘自己钓到了鱼。”

钓鱼给我们的人生启示是：在成功之前，不要吹嘘；在失去机会或财富之后，不要懊悔。

第十章

亲子关系也需经营

CHAPTER 10

父母子女是血缘上最亲的人，在罗马法中被称为一亲等。罗马法把血亲按亲疏远近关系计算为亲等，父母子女关系是一亲等，祖孙关系、兄弟姐妹关系是二亲等，堂兄弟姐妹（表兄弟姐妹）是四亲等。亲等是非常重要的法律概念，它既表现为血缘的亲近关系，也是继承财产的法定程序。

在中国，传统意义上的父母对子女有抚养和教育的双重职责。反过来，子女要报答父母的养育之恩。过去太强调父母之“恩”，有些父母就把子女看作自己的附属和私有财产，甚至随意打骂，造成对子女人身权利的侵害。中国有句古话叫“严父慈母”，父亲要扮演严厉的角色，母亲要扮演慈祥的角色，而更多的时候母亲要“相夫教子”，教育子女的义务落在了母亲身上。现代的观念是尊重子女的权利，父母共同担负起教育子女的重任，这是现代家庭关系的核心。

中国家长要学会放手。家长的最大问题是为子女大包大揽，从穿衣吃饭的生活小细节，到学习、升学、工作的人生规划，无微不至地关怀子女。这种关怀和爱是孩子成长中必不可少的，应该说是童年必需的。但随着年龄的增长，父母要让孩子身体力行地完成自己应该做到的事情，待到十八岁成年时，从法律意义上，孩子具有完全行为能力，成为独立的法律主体，父母就要学会放手。只有适时地放手，孩子才能振翅高飞，才能心智成熟。父母总觉得孩子没长大，不想让孩子在生活上吃苦受累，更不想让孩子在人生道路上受到挫折，这些想法和做法都是不对的。鹰妈妈在小鹰长大后赶小鹰出窝，小鹰既有对外在世界的惊恐，又有对妈妈的依恋，就是不愿离开。鹰妈妈不惜用武力进行驱逐，迫使小鹰展翅飞翔，从而拥有自己的一片天空。我们家长也要从动物界受到启示，在孩子长大后，让他们勇敢面对生活。生活不易，越早放手越利于孩子的成长。

家长都是“望子成龙、望女成凤”的，这体现了家长的爱和殷切期望。家长在孩子的每一个重要的人生时点，都应该给孩子引导和教育。比如，在上学时，要让孩子提高专注力，找到合适的学习方法；在高考志愿选择上，按家长的判断和孩子的喜好，指导孩子选择学校和专业；在孩子恋爱阶段，给孩子选择配偶的一些人生智慧和标准；在工作中，对子女的工作态度、敬业精神、为人处世进行指导，如此等等。父母对子女的引导和教育是非常重要的，但引导和教育，一定不要成为强行安排，不能强行让子女按父母的规划进行。如果父母太强势，容易引起子女的逆反心理，孩子的成长是需要时间沉淀的，孩子的智慧是在四处碰壁后才能提升的。所以，家长要适时地引导，切忌包办。

《红楼梦》中《好了歌》的最后一句：“世人都晓神仙好，只有儿孙忘不了！痴心父母古来多，孝顺儿孙谁见了？”自古在父母和子女的关系中，父母对子女的付出和关爱更多，儿女对父母的孝顺和回报更少。就此而言，做父母的没有必要感慨和伤感，就社会整体而言，我们既是父母的儿女，又是子女的父母，我们每个人都充当了双重角色，对每个个体而言，还是公平的，所以，不必感慨和抱怨。另外，我们每个人的心底，最温柔的部分还是父母对我们的关爱，这大概就是子女对父母最深情的报答吧！

孔子的时代，物质生活极度匮乏，养儿防老、积谷防饥是普遍的观念。所以孔子才说，父母在，不出远门，去哪里要告知父母。但随着现代物质条件的改善，完善的社会养老和医疗保障体系的建立，传统意义上的子女义务被动摇了。在养老有保障的情况下，子女在面对事业、理想与老人情感之间的选择时，可能会更多考虑前者。

我在今年春天带着女儿和女婿回老家看望父亲，我父亲还向孙子辈讲述三十多年前我高考的情形，我在高考中取得好成绩，成为父亲心中永远的骄傲。八十多岁的老人，一说起来还眼睛放光、语言铿锵。子女的成功即便只是小成就，也是父母的骄傲，是子女对父母的孝和报答。同样，我作为一个父亲，不图孩子对我奉献什么，孩子能有成就，生活幸福，不让我操心和担忧，就是对我最大的孝。

子女在成年之前，父母的抚养和教育是义务。但在子女成年后，父母的法定义务就结束了。当然，中国的父母还会自愿承担子女的义务，比如大学的学费及生活费，子女结婚的婚房及婚礼费用，甚至对孙子辈还在力所能及地奉献。尽管父母是自愿，子女对此法定义务之外的奉献，还是应心存感激。毕竟父母对子女的责任是有限责任，而非无限责任。

父母和子女属于两代人，客观上存在代沟，在价值观和生活观上存在不一致，乃至冲突。通过交流、沟通和碰撞，能够选择并统一科学和理性的价值观，两代人能趋同最佳。如果不能趋同，应尊重对方的价值观和生活选择。在孩子小的时候，或者说在子女完全独立之前，父母的价值观居于主导地位。随着子女的独立，子女成为社会的中坚力量，父母则渐成老人和弱势群体，子女尊重父母的价值观更为重要。我理解的孝，就是让父母过他们想要的生活，而非子女想让父母过的生活，这很重要。

父母渐渐衰老，子女成家立业，生儿育女后亦成为父母……人生就是这样循环和轮回。当子女变成父母，在他们养育子女的过程中，才有“养儿方知父母恩”的体会。爱和理解是父母和子女之间的永恒感情。

推荐一首美国作家伊丽莎白·埃克斯·艾伦（Elizabeth Akers Allen）的诗：

摇我入眠（Rock Me to Sleep）

时光倒流，
今夜，让我重回童年！
妈妈，从遥远处归来吧，
一如既往，揽我入怀；
亲吻我布满皱纹的前额，
轻拂我些许斑白的头发；
您满怀爱意地凝视我的睡脸，
摇我入眠，妈妈，摇我入眠！

岁月逆转，
辛苦和泪水让我疲惫不堪；
劳无果，泪白流，
全抛开，我要重回童年！
我也厌倦世事纷扰，

厌倦迷失灵魂珍宝；

厌倦被人剥削，

摇我入眠，妈妈，摇我入眠！

…………

第十一章

编织人际网

CHAPTER 11

人生活在社会之中，人际关系是不可缺少的。好的人际关系，能增添生活的乐趣，能助力事业的成功。我们要精于专业，更要善于为人。

同学，又称同窗，指相同环境下一起学习的一群学生。同学关系是非常纯洁和亲切的人际关系。同学年龄相当，智力相仿，又有相同的求学经历，所以，同学间的友谊更单纯和简单，而越是纯洁和简单的感情，越能历经风雨，弥足珍贵。俗话称“一辈子同学三辈子亲”，概出于此。

与那些善良的、爱好学习的同学结伴，这非常重要。优秀的同学之间取长补短，形成你追我赶的良性学习状态，是非常有益的。

同学情，要珍惜。大学毕业后各奔东西，同学们聚少离多，重聚不易。我们班有毕业 10 周年聚会，此后有 20 周年聚会、30 周年聚会，这种聚会非常珍贵，我都会积极参加。每一位同学都有不一样的精彩，能用心去爱每一位同学，是一种境界。

同学之间由于年少无知，避免不了这样或那样的矛盾。长大了，人老了，再去看年少时的不快和矛盾，恰如“清风拂山岗”，没有什么大不了，大可“一笑泯恩仇”。

年过五十之后，最灿烂的黄金三十年过去了，对社会和人生有了深刻的理解，很多事物无法引起太多的兴趣和热情，然而，对往昔岁月的回顾和依恋增加了，梦中常常是少年时与同学一起度过的欢乐时光。

作为过来人，我要对年轻人和晚辈说声：与人为善、珍惜同学情。

开始工作之后，同一单位一起工作的人成为同事。

一般情况下，从小学到大学毕业，16 年的读书生涯，接触和交往的都是同学，同学间的交往和相处已经很娴熟和自如了。但是，同学相处和同事相处有很大的不同，应区别对待。

其一，同学交往更自由、更随性，同学之间可以率真，甚至可以放肆。但是，在同事之间绝不能这样。注意界限，尊重上级、爱护下级，是同事间的相处之道。

其二，求学期间，你可以保留自己的个性，也可以从事各种社团活动，着装比较随意。但上班后，要服从单位的各项规章制度，包括穿衣打扮，把自己融入单位的文化氛围里，这是考验你的适应能力和智慧。比如，你在法学院时，可以花枝招展、奇装异服，但毕业后进入公、检、法机关单位工作，就要严格遵守着装规范，要与你的职业形象相吻合。这种改变不仅是言谈举止、衣着打扮的外在形象改变，还有内在气质的改变。

其三，学生时代主要考查你的思考能力。初入职场，主要考核你的执行力。所以，在工作中，少说话，多干实事，用不折不扣的执行力，赢得领导和同事的信任。

明白了上述三点，就能顺利实现从学生到工作人员的身份转换。

在工作中，要认清同事关系的一些特点。

同事之间除了相处时间长，还有依赖性强的特点。像工厂流水线上的同事，上一个程序的工作质量和效率直接影响和决定下一个程序，同事之间形成一个完整的工作链和利益链，所以，同事之间应互相配合、互相帮助，这就是团队精神。美国管理学家彼得提出“木桶原理”：盛水的木桶是由多块木板箍成的，盛水量也是由这些木板共同决定的，若其中一块木板很短，该短板就成了这个木桶盛水量的限制因素（又称短板效应）。若要使木桶盛水量增加，只有换掉短板或将其加长才行。同事之间好比这若干木板，既要相互抱团，做到滴水不漏，又要长度整齐，不要使自己成为单位的短板。

除了家人，同事就是我们成年后接触最多的人，在同事之间，一定要“尊老爱少”。我们二十多岁初入职场时，我们的老前辈有的五十多岁，属于父辈，他们历经风霜，为单位、为社会作出了很大的贡献，我们一定要尊敬他们。

如果有时间和条件，我们要尽心指点新人，新入职场是非常不容易的，哪怕是高才生，刚入职场也是“菜鸟”一个，甚至一些基本的工作都做不好。很多工作，对老同事而言驾轻就熟，所以简单。新同事因为从未接触和实际操作过，所以陌生而胆怯。我们要心怀善意，尊老爱少，这是职场应有的道德。

我很不喜欢现在流行的一句话：除了父母没有人该对你好。如果我们每个人都与人为善、对别人好，难道同事之间不更轻松、愉快？真希望与人为善能成为流行语。

同事之间要相让，要有成人之美的善意和雅量，切忌明争暗斗、落井下石。孔子说：“君子成人之美，小人成人之恶。”要成人之美，就要摒弃嫉妒、攀比的阴暗心理或情绪，做个正直、阳光、向上的好人。中国有句古话：“公道自在人心。”同事之间相处久了，伪装和面具随着时间推移必然被揭开，所以，以积极的态度和勤勉尽责的职业操守做好本职工作，以和善及成人之美的良好心态与同事相处，你就是一个成功的人。

同事之间要惜缘。古人云：“百年修得同船渡。”人与人相遇不容易，同事之间，有很多人从走上工作岗位到退休的几十年彼此共处，要珍惜这份缘。惜缘，是一种智慧，但不是一种迁就或妥协，切勿与坏人、小人混在一起。古人教诲我们“近墨者黑”，所以，亲贤人、远小人，是一种与同事相处的智慧。

人际关系是在彼此交往的过程中建立和发展起来的，表明人与人相互交往中心理关系的亲密性、融洽性和协调性的程度。

每一个你曾经谋面和交往的人，都可能成为你潜在的帮助者。所以，你要想成功，离不开人际关系的助力。

仅仅拥有某项技能、专业知识和信息，往往是不够的，这些技能和专业知识，根本不足以最大限度地发挥你的潜力。我们都知道千古一相诸葛亮，诸葛孔明纵有一身的本领，若不是遇上刘备，也就是一介布衣，“躬耕于南阳，苟全性命于乱世，不求闻达于诸侯”。

据我的观察和总结，人际关系有三种境界：

第一种境界：有用。

我们生活在世俗的世界，“有用就是真理”在很多人头脑中挥之不去。追求有用的人际关系也无可厚非，但千万不要太过功利。

第二种境界：有乐。

第二种境界已经脱离了物质上有用的层次，有了相处融洽和快乐的精神层次。有些人具有共同的兴趣爱好，相处起来就充满快乐。比如棋友，通过下棋，寓乐于博弈之中；球友，通过打球，建立友谊、享受乐趣。

第三种境界：有益。

孔子说：“无友不如己者。”通过交友学到别人的长处，弥补自己的不足，这是交友和人际关系的最高境界。很多智者，学有专长，在某个领域有深邃的思想和深刻的见解，通过与之交流，你能把别人的所得、所悟转化为自己的智慧。哪怕我们是某个领域的学术权威，在别的陌生领域，我们可能也只是入门级，所以，我们每一个人都需要提高。“听君一席话，胜读十年书”，是益友最形象的表述。

人际网络是很神奇的联系。有种说法是，地球上的每一个人与另一个人相连接，最多只需要六个中转。所以，通过六个中转，你就能同地球上的任何一个人建立起联系。

我在法院工作八年，有些陌生人会通过同学或亲朋好友找我，请我帮忙。我很乐意输出知识，我们毕竟是早期的法学生，用专业知识答疑解惑，甚至帮别人草拟需要的法律文本（非本院的法律事务，没有法律冲突）也是应该的。然而，对偏袒、非公正的无理要求，要不予理睬。法律专业过硬和道德正义感是一个法官的灵魂。同理，任何手中拥有权力的人都应该秉持职业操守和拥有专业知识。没有职业操守，就会枉法徇私；没有专业知识，就会被误导或蒙骗。

因此，向别人求助是可以的，但不要超越别人可以帮助你的合理范围，切莫强人所难。

我们不要刻意去搞人际关系。

我们要善待工作和生活中的每一个人，无论是上级还是下级，无论是富人还是穷人，无论是亲朋好友还是萍水相逢之人……因为你对待他人的方式，很大程度上反映了你自身的素养。也正因为如此，要了解一个人，除了看其人前，还要看其人后，甚至是独处时候的表现。所以，古人重视“慎独”。

在人际关系中，个体本身的实力、技能、专业知识才是根本，相处技巧和方法实属细枝末节，一定不能本末倒置。

卓越本身就是构成人际关系的基础。这句话我非常喜欢。

你想与什么人成为朋友，你想融入什么样的圈子，你就要先成为什么样的人。有了目标，脚踏实地、一步一步地向着目标前进，你就会成功。千万不要把童话故事当成现实，不要以为丑小鸭会变成白天鹅，不要想着买彩票一夜变成亿万富翁。脚踏实地，在自己的领域做到顶尖、做到极致，你就有很大可能成为任何你欣赏的人的朋友。

投资自己，让自己变得优秀，才是各种人际关系的基础。不要把自己的全部或大部分的时间浪费在无谓的人际交往中。莫等闲，白了少年头，空悲切！

第十二章

守住自己

CHAPTER 12

小时候母亲就教育我，要守住自己。

守住自己，就是守住自己的内心，不去做好奇心驱使的坏事或者可能引起别人怀疑的事。她有些具体要求，比如去小伙伴家找人玩，未经许可，不能直接进入屋内，可以站在门外等小伙伴；别人屋内没人，一定不要进入，以防别人家丢东西，有被怀疑之嫌；去别人家，未经许可，不得动人家的任何东西；最不能做的事，就是去拉别人家的抽屉，哪怕小伙伴在场也不行。母亲的这些严厉教育，蕴含了“瓜田不纳履，李下不整冠”的古训，避免招惹无端的怀疑，让我终身奉行并受益。

守住自己，是一种修养，更是一种品行。

当我们面对诱惑时，要守住自己。当我们要考察他人时，看他能不能守住自己，这远比笔试和面试重要。

因为克制不住好奇心乱翻他人物品还不算严重，有些诱惑却是致命的。面对这种诱惑，守住自己就显得更为重要了。

美国作家约翰·罗素写过一篇文章《致命毒虫》（*The Venomous Worm*）。约翰写到，人人都听说过响尾蛇和银斑蛇，但与这样的剧毒相比，响尾蛇的毒液都算得上温和无害——它从不骚扰那些凶猛的野兽，因为那些野兽本能地避开它，正如印度动物本能地避开眼镜蛇那样。人们被这种毒虫咬伤的后果极其可怕，处于癫狂状态下的受害者，甚至会攻击身边最亲密的朋友。如果受害者有家小，他哭泣的妻子和无助的婴儿便不可避免地成为他狂暴时攻击的对象。作者最后说："美国的年轻人，你们可知道这种毒虫叫什么名字？它就是鸦片。"约翰用险峻的笔法写出：鸦片猛于虎。其目的是让美国年轻人远离鸦片。

随着科技的发展，现在手机对年轻人的危害似当年的鸦片。

美国斯坦福大学的一项研究报告显示，在30款手机样品中，触屏手机的细菌和病毒量是男洗手间的18倍，成了细菌传播的媒介。大家每天拿在手里的手机，竟是病菌传播媒介，难道不该远离吗？

随着新技术的发展与普及，手机的功能早已超越了拨打和接听电话。手机渐渐被赋予了游戏、社交、视频等诸多功能，而正是这诸多功能，改变了手机的最初用途。手机玩久了，就容易"上瘾"，成为难以克服的"病"。近些年，很多令人唏嘘的交通事故及意外事件都与人们沉迷于玩手机有着莫大的关联，这些血与泪的代价是一生无法弥补的痛。

玩手机，会玩垮一代人。每次我在上海乘地铁，总能看到大多数年轻人都在玩手机，或是看视频，或是打游戏。若能看到有几位默默读书，则是非常稀罕的事。我想，沉思默想、闭目养神或无所事事，也比目不转睛地玩手机要好。

地铁玩手机仅是场景之一。父母与子女相对而坐，父母语重心长地教诲，子女在低头玩手机，两代人的感情疏远了。夫妻坐床头，各玩各的手机，感情交流被取代了。人世间最远的距离，是你在我身边，各玩各的手机。

我想对年轻人大声疾呼：放下手机，跑步锻炼去！关掉手机，静心读书去！脱离手机，关爱身边的人！

第十三章

人生杂感

CHAPTER 13

人到了一定年纪，会常回头看看走过的路。而在人生之路上，最难的、最迷茫的是面对多岔路口的选择。

我的第一次艰难选择，是初中毕业考上中专时。现在的人对上中专不以为然，而在1980年很不一样。那时，中专的录取分数线是最高的，其次是重点高中，再次是一般高中。因为当时考上中专难度极大，只有最优秀的少数学生才能考上；有人形象地比喻，当年的中专相当于现在的“985”高校。那时考上中专，意味着身份的改变，即具有了国家干部的身份，而且国家包分配，所以，上中专对我还是很有吸引力的。上高中的人是可以考大学的，如果能考上大学，则更上一层楼，但也有考不上的风险。我最终还是选择上高中，放弃上中专。后来高中毕业后，我以全县文科第三名的好成绩考上华政。这是我做出的第一次重大选择。

大学毕业后，我被分配到中级人民法院。在法院工作八年后，我面临着第二次重大选择：是继续在法院工作，还是辞去公职，换个更大的城市做律师呢？为此，我也有过纠结和权衡。最终，我选择辞去法官职务，做律师。

此后，我又面临着投资汽车服务和餐饮公司的选择，面临着房产投资和股票投资的选择……

人的一生，是一系列选择的结果。你之所以成为现在的自己，就是选择决定的，我们通常称之为命运。

是什么原因和力量决定了我们某一时点的选择？是知识、水平、能力、眼光，抑或运气？对此，我仔细思考过，认为应该是个性使然。很多选择不是理性的结果，而属于感性的范畴。这种选择有其必然性，你的个性是决定你选择的根本力量。也就是说，我们每个人都是自己命运的构筑师。

在关键时点做好人生选择，对每一个人都非常重要。

人生一幕

一位旅行者继续穿越印度斯坦大平原的旅行。由于太阳当头、酷热难耐，他离开大道，走进右手边的小树林。这里的凉爽和绿意让他感到惬意，而且与他的行进方向大致不差。他完全可以将目标和愉悦结合在一起，既达到目的，又无须经历辛劳痛苦。

在这种趣味盎然的漫步中，时间无声无息地流逝了。他已经记不清自己绕了多少个弯，也不知道往哪个方向走。正当他百般纠结的时候，天空乌云密布，天色旋即黯淡下来，一团突如其来的暴雨云团在他头顶迅疾累积起来。眼前的危险处境令他彻底清醒，他痛苦地回想起自己的愚蠢。他已经看到，幸福就在他拈轻怕重的时候悄然逝去；他痛悔着当时的怯懦和缺乏耐心，以至于在树林间寻找庇荫。

他欲用仅存的体力原路返回，在林间孤独而又紧张地跌跌撞撞地前行，正当他筋疲力尽，陷入绝望时，透过眼前的荆棘，他突然看到一道锥形光亮。他朝着光的方向走去，发现是从一间隐居者的小屋里发出的。他怯怯地叫了门，得到许可后进入屋内。屋里老人将自己的食物摆在他面前，旅行者忙不迭地吃了起来，满心感激难以表述。

吃完饭后，那位隐居老人问道：“告诉我，你怎么来到这里的？二十多年来，我一个人住在这片渺无人烟的荒野里，还从未见到过其他人。”于是，旅行者将自己旅途中的经历翔实地告诉了老人。

“孩子，”隐居老人说道，“就让今天的这些错误和愚蠢、危险和逃脱，深深地沉入你的心底吧。请记住，我的孩子，人的生命就像是一天的旅程。”

我们在青春时期充满活力、满怀期待，带着高昂的情绪和热切的希望踏上人生旅途。我们步履轻快，勤劳奋发，心怀虔诚地走在那条笔直的阳光大道上。

没过多久，我们高涨的热情便消退了，开始试图找到可以减轻我们责任的方法，找到一些捷径。

接着，我们的斗志开始松懈，告诉自己罪恶离我们很遥远，无须害怕，并试着靠近我们曾决定永不触及的事物。就这样，我们进入安逸的凉亭，在自以为安全的凉爽地带休息。渐渐地，我们的心在安乐享受中变得柔软，警惕性随之减退。然后，我们开始自问，为什么不能往前再多走一步？于是，我们带着忧虑和迟疑，靠近这座花园，胆怯地走进去，内心却仍然希望能通过这座花园，又不丧失自己的美德。这条美德之路，我们一直把它放在心里，也希望能最终返回。

但是，诱惑接踵而来，满足了一个，就忍不住想满足第二个。我们渐渐失去了纯真的快乐。

最后，我们抛却了最初的目标，丧失了理性思考的能力。我们在金钱中挣扎，在奢华中沉迷，在软弱意志的迷宫中徘徊，直到风烛残年，黑暗开始侵蚀我们，我们忧心忡忡，疾病缠身，回想过去的一生，心中充满了惊恐、悲伤和悔恨。那时，我们只希望——往往徒劳地希望，我们从没有背弃那条美德之路。

能从经历中获得教训的人是幸福的。不要绝望，但应该记住：改变永远不会太迟，真诚的努力也绝不会徒劳无功。一个在自身错误中探求力量和勇气的人，艰难险阻会在他面前退让。

见好就收

见好就收，说起来容易，做起来很难。历史上楚汉相争，刘邦胜出。刘邦用的三个人才是：行政总管张良，军事指挥韩信，后勤保障萧何。经过垓下一战，项羽自刎，刘邦成就帝业，张良论功劳当个宰相是不成问题的，他却辞官为民，见好就收。张良也曾劝过韩信，军事天才韩信哪有这等政治智慧，最后落个“兔死狗烹”的结局。别说古人难及张良项背，就是今人，又有多少能做到见好就收？

任何事情都不可能永远处于上升期，总是波浪式运动，有波峰，亦有波谷。处在波峰，见好就收，守住的不仅是那份荣耀，更是一种智慧。

我说过见好就收，有人就反问我：那见不好呢？我明确回答：见不好更要收，那叫及时止损。

追随梦想

回望人生路，童年总是快乐的，随着年岁增长，人越发怀念童年。

童年的我们是单纯的，是快乐的。童年的我们有最多的梦想，我们梦想成为律师、医生、教师、科学家等。

可伴随着我们长大的，是艰难的环境和不易的生活，我们渐渐失去了梦想，失去了飞翔的翅膀。生活把我们驯化得俯首帖耳，即使给我们机会，我们也会在原地打转，最后变成老样子。人们总是在临终时感慨：最遗憾的事是没有追求过自己的梦想。

追求梦想的过程是艰难的。在追求的过程中，要顶住很多的压力，要吃更多的苦，要受更多的累，要经历更多的心灵磨难……纵然全力以赴，也未必能实现。

有梦想、有激情，我们努力了，无论是否实现，都是值得自豪的事情。我们不能决定生命的长度，但我们可以尽力使生命更宽广，因为宽广，所以丰满。

当我们走到人生尽头前回望，会自豪地看到：因为追梦和激情，我们的人生更绚丽、多彩！

我不时地提醒自己并忠告朋友：追随梦想，丰满人生。

后　记

走过平坦大道，走过羊肠小道，走过崎岖山路，走过泥泞雨地……无论你多么小心，路上总会有坑或坎，总有摔跤的时候。摔倒之后，爬起来，拍拍泥土，继续前行；也可以停下脚步，在摔倒的地方做个警示牌。后来者看到警示牌，也许可以避免摔倒。

每一个人都渴望成功，都期盼自己一生健康、富有，轻松、快乐，幸福、美满，都想在“人生的苹果林摘取那颗属于自己的最大、最红的苹果”。

我们在人生的旅程中，经常看到如下现象：一些权力显赫的高官，跌落成阶下囚；一些曾经风光无限的富豪，走进高墙之内；一些光鲜亮丽的明星，瞬间身败名裂……我们不禁要问，这些曾经拥有权力、财富、名声的“成功人士”怎么了？他们曾经拥有过世俗的成功，但他们缺乏人生的智慧。人生无常，我们都需要用智慧引领人生。

现代社会生活节奏快，社会价值过多地被物欲绑架，社会陷入浮躁之中，尤其是年轻人。年轻人怎样追求财富？怎样追求爱情？怎么理解追求成功的过程中遇到的苦难？苦难是不是等于智慧？何为人生幸福？我也年轻过，自己吃过的苦和悟出的智慧，在本书里都尽己所能地展示给了有理想或正在奋斗路上的年轻人。

现在的孩子丰衣足食，可是现在的孩子更需要长者教诲。每当我看到那些报道，一些年轻人遇到学业、爱情、金钱挫折的时候，从高楼一跃而下……我都非常痛苦。失去的已经失去，我不愿多加评论。可为人父母，我们是不是应该反省自身？我们是不是过度让孩子追求分数，而忽视了心理教育？我们是不是误导了孩子对成功的理解？一生普普通通、平平安安，难道不是成功？在孩子苦难和迷茫的时候，家长没有觉察出来，是家长的责任；觉察出来，没有教育和启发孩子，是家长的失职。我希望本书能给家长一些帮助。

我闭门思考和写作，希望写出一本好书，一本有真知灼见的好书，一本触动灵魂的好书，一本催人奋进的好书……为此，我竭尽全力了。

我相信：

总有些话语，让你感同身受；

总有些观点，让你拍案叫绝；

总有些故事，让你掩卷沉思；

总有些智慧，让你终身受益！

感谢我爱的人和爱我的人，你们是我不断前行的动力。感谢亲朋好友对我写作本书的支持。感谢女儿和学生为我打字，把手写体变成电子版。特别鸣谢法律出版社编辑的鼎力支持，是你们的专业素养和仁爱之心，使本书得以又快又好地出版。

最后，感谢你，亲爱的读者。当你阅读本书时，我们已成为有缘人。如果你感同身受、喜爱本书，那请你将本书送给亲朋好友阅读；如果你爱不释手（如果有的话），那就买本书送给她（或他），我们都相信：赠人玫瑰，手有余香。

2019 年 3 月

图书在版编目(CIP)数据

人生如果能重来：一个法律人的沉思录 / 邵元超著
. -- 北京：法律出版社，2020
ISBN 978-7-5197-4097-9

Ⅰ. ①人… Ⅱ. ①邵… Ⅲ. ①人生哲学－通俗读物
Ⅳ. ①B821-49

中国版本图书馆CIP数据核字(2019)第264971号

人生如果能重来：
一个法律人的沉思录
RENSHENG RUGUO NENG CHONGLAI:
YIGE FALÜ REN DE CHENSILU

邵元超 著

责任编辑 王 晗
特约编辑 黄梦梦
装帧设计 汪奇峰

出版 法律出版社
总发行 中国法律图书有限公司
经销 新华书店
印刷 中煤(北京)印务有限公司
责任校对 杨锦华
责任印制 吕亚莉

编辑统筹 市场研发部
开本 A5
印张 4.5
字数 98千
版本 2020年4月第1版
印次 2020年4月第1次印刷

法律出版社/北京市丰台区莲花池西里7号(100073)
网址/www.lawpress.com.cn
投稿邮箱/wanghan@lawpress.com.cn
举报维权邮箱/jbwq@lawpress.com.cn
销售热线/010-83938226
咨询电话/010-63939796

中国法律图书有限公司/北京市丰台区莲花池西里7号(100073)
全国各地中法图分、子公司销售电话：
统一销售客服/400-660-8393/6393
第一法律书店/010-83938432/8433　西安分公司/029-85330678　重庆分公司/023-67453036
上海分公司/021-62071639/1636　深圳分公司/0755-83072995

书号:ISBN 978-7-5197-4097-9　**定价**:25.00元
(如有缺页或倒装,中国法律图书有限公司负责退换)